# 金设计V

## 2011中国室内设计
## 年度优秀住宅公寓·别墅作品集

CHINA INTERIOR DESIGN ADWARDS 2011
GOOD DESIGN OF THE YEAR
APARTMENT · VILLA

《金堂奖》组委会·编

中国林业出版社

# 年度优秀住宅公寓

# GOOD DESIGN OF THE YEAR APARTMENT

# 年度优秀别墅

# GOOD DESIGN OF THE YEAR VILLA

# JINTANGPRIZE 金堂奖

## 2011 中国室内设计年度评选

## CHINA INTERIOR DESIGN AWARDS 2011

# GOOD DESIGN OF THE YEAR APARTMENT

# 年度优秀 住宅公寓

**主案设计：**
官艺 Guan Yi
**博客：**
http:// 18043.china-designer.com
**公司：**
苏州绿松石室内设计工作室
**职位：**
设计总监

**项目：**
江苏太仓通达大厦
太仓波斯猫酒吧
太仓金碧辉煌娱乐城
苏州奥智机电设备有限公司办公楼
江苏边防总队海警一中队办公楼
山东济南绿怡酒店
山东滨州交通局别墅
济南军区招待所套房
济南千佛山商业
济南浅水湾售楼处
济南蓝翔技校外观
济宁泗水胜源安山度假村

# 颐莲
# Lotus

## A 项目定位 Design Proposition
这是个充满概念味道的空间，设计师将其命名为“颐莲”，在空间的设计中融入禅的概念，空间中低调的细节相互辉映。

## B 环境风格 Creativity & Aesthetics
电视墙采用汉字偏旁部首作为装饰元素，增添了空间的禅意。沙发背景墙的中式纹样镂空处理，增添了空间的传统意蕴。

## C 空间布局 Space Planning
室内的格局方正，空间开阔，设计师在室内氛围的营造方面，力求体现简约的意境。

## D 设计选材 Materials & Cost Effectiveness
餐厅背景采用一幅莲花的剪图马赛克装饰，客厅天花采用的睡莲抽象的线条，弧形热弯玻璃的开放式洗手间柱盆的莲蓬头头从天而下，种种细节中巧妙地契合了主题。

## E 使用效果 Fidelity to Client
传统元素融入现代风格，禅意栖居。

**Project Name_**
*Lotus*
**Chief Designer_**
*Guan Yi*
**Location_**
*Suzhou Jiangsu*
**Project Area_**
*270sqm*
**Cost_**
*900,000RMB*

**项目名称_**
*颐莲*
**主案设计_**
*官艺*
**项目地点_**
*江苏 苏州*
**项目面积_**
*270平方米*
**投资金额_**
*90万元*

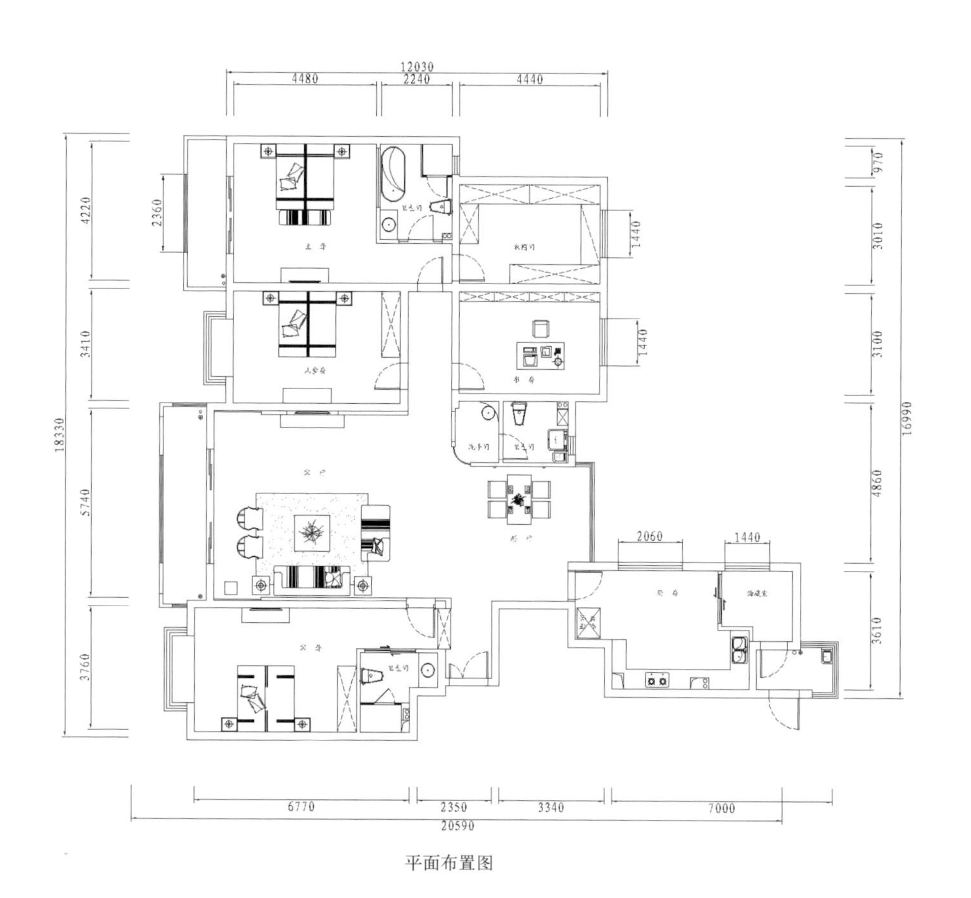

平面布置图

**主案设计**：

管杰 Guan Jie

**博客**：

http://25152 .china-designer.com

**公司**：

博洛尼旗舰装饰装修工程（北京）有限公司

**职位**：

设计师

**职称**：

国家注册高级室内建筑师


**项目**：

杭州大华西溪风情

宋都•地中海别墅

湖滨格

八号公馆

西溪山庄

欣盛•东方润园

耀江文鼎苑

伊萨卡国际城

白垤里嘉园

# 大华西溪风情

# Modern Style

A **项目定位** Design Proposition

营造出业主一直向往的摩登时代。

B **环境风格** Creativity & Aesthetics

空间没有时代的界限。

C **空间布局** Space Planning

一部份空间是黑白相间，简洁的白色犹如戏剧演出时的背景装饰。

D **设计选材** Materials & Cost Effectiveness

客厅、卧室、书房都采用了最新的暖色光带，每当夜幕降临的时候，一切都会改变，光线代替了雕塑。营造出一种浪漫的情怀。

E **使用效果** Fidelity to Client

得到业主非常高的赞誉度，满足了业主追求“摩登”的需求。

**Project Name_**

*Modern Style*

**Chief Designer_**

*Guan Jie*

**Location_**

*Hangzhou Zhejiang*

**Project Area_**

*350sqm*

**Cost_**

*2,000,000RMB*

**项目名称_**

*大华西溪风情*

**主案设计_**

*管杰*

**项目地点_**

*浙江 杭州*

**项目面积_**

*350平方米*

**投资金额_**

*200万元*

一层平面布置图

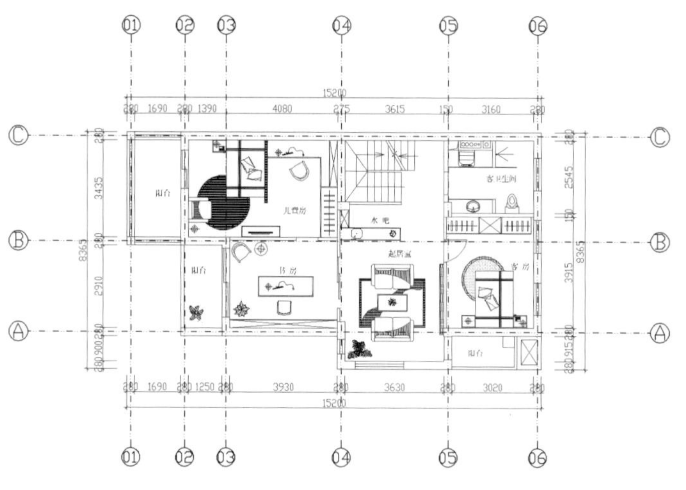

二层平面布置图

主案设计：
石巍 Shi Wei
博客：
http:// 143828.china-designer.com
公司：
济南佳世春装饰有限公司
职位：
设计总监

# 济南千佛山熙园
# Jinan Shining Garden

## A 项目定位 Design Proposition
这是一处“设计二手房”，“二手房”源于时尚、喜欢网购、天天阅读《时尚廊》、《时尚家居》的女主人自行设计的半成品，施工至三分之一处时忽然发现与自己想要的那种“洁净、没有一丝多余的装饰、精致”荡然无存。

## B 环境风格 Creativity & Aesthetics
漂亮的女主人双手漫天飞舞地画着图，急切地表达着自己的憧憬。在满足了设计师对原装修“想拆哪就拆哪，并且百分百听话”的承诺后，一件充满细节、像空气一样透明的作品交给了房主。

## C 空间布局 Space Planning
白色的地砖改为斜铺，虽然复杂却显得精致；厨房的木门套改为来自希腊的水晶白理石，与全白的墙砖相互提醒自己的洁净；水晶白的楼梯与白色烤漆玻璃的墙面被玻璃扶手映衬得晶莹剔透；正冲餐厅的卫生间门和正对楼梯储藏室的门被镜面与艳丽的奥地利木地板隐形成一个整体。

## D 设计选材 Materials & Cost Effectiveness
客厅与餐厅是皇室咖啡理石过廊，是简单的空间富有变化。二楼不要任何装饰元素，带着金褐色木纹的黑色地板成为唯一的装饰，简单而高贵。

## E 使用效果 Fidelity to Client
设计师坚持做一个椭圆形独立花坛放在窗前，洗菜时看着院里的鲜花总比“面壁”心情好的多。

**Project Name_**
*Jinan Shining Garden*
**Chief Designer_**
*Shi Wei*
**Location_**
*Jinan Shandong*
**Project Area_**
*238sqm*
**Cost_**
*600,000RMB*

**项目名称_**
*济南千佛山熙园*
**主案设计_**
*石巍*
**项目地点_**
*山东 济南*
**项目面积_**
*238平方米*
**投资金额_**
*60万元*

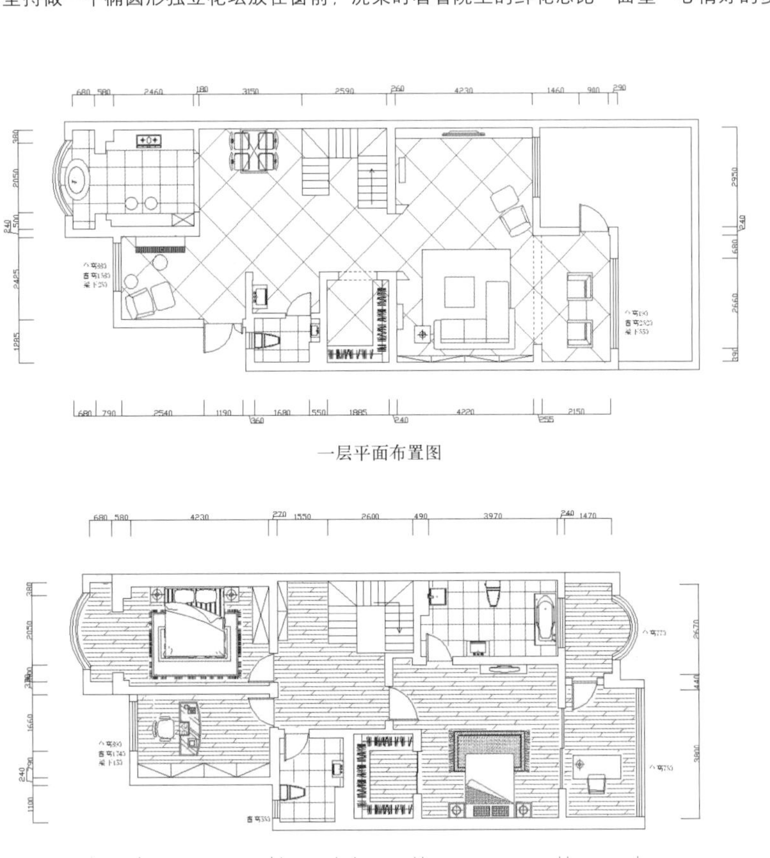

一层平面布置图

二层平面布置图

PANHARD

**主案设计：**
江香宜 Jiang Xiangyi
**博客：**
http://200877 .china-designer.com
**公司：**
福州佐泽装饰莆田公司
**职位：**
设计部总经理

**奖项：**
亚太建筑师与室内设计师联盟（专业会员）
中国室内住宅设计师
福建省优秀设计师
2008年“星辉杯”福建省室内与环境设计大奖赛住宅类三等奖

**项目：**
融侨水乡别墅2#79
E-23#美林湾联排别墅
世茂天城俪园1# 9D、3#
江南水都意5B 2#
东源北院1#
亿力秀山5#802
东方名城58#1404
博士后缘墅A2-1401
中天金海岸联排别墅红树林联排别墅B-22#
左海帝景5#1101、2#
融侨华俯1#602
福德都会1#1104
福晟钱隆御景

# 时尚欧
# Fashion Wow

## A 项目定位 Design Proposition
家不仅体现设计师的个人风格，更能涵盖主人的个人气质。本案业主为有高收入并有一定品位的成功人士，主人对空间文化品位的要求使本案在设计上融入了中式元素，同时在空间主题上仍然以简约为主。

## B 环境风格 Creativity & Aesthetics
客厅是展示家居风格的窗口。中式风格的古色古香与现代风格的简单素雅自然衔接，以让生活的实用性和对古老禅韵的追求同时得到满足。

## C 空间布局 Space Planning
整体空间于稳重之中不乏灵动，包容性强的优势反映出主人对高品质生活的追求。

## D 设计选材 Materials & Cost Effectiveness
在淡淡的灯光下，精心定做的雕花窗棂与卷草纹装饰的实木沙发相得益彰，沙发墙浅咖色的壁纸与奶白色的直线条沙发共同应和着红与黄的主色调。

## E 使用效果 Fidelity to Client
居住环境大方、舒适，满足了业主对高品质生活的要求。

**Project Name_**
*Fashion Wow*
**Chief Designer_**
*Jiang Xiangyi*
**Location_**
*Fuzhou Fujian*
**Project Area_**
*190sqm*
**Cost_**
*700,000RMB*

**项目名称_**
*时尚欧*
**主案设计_**
*江香宜*
**项目地点_**
*福建 福州*
**项目面积_**
*190平方米*
**投资金额_**
*70万元*

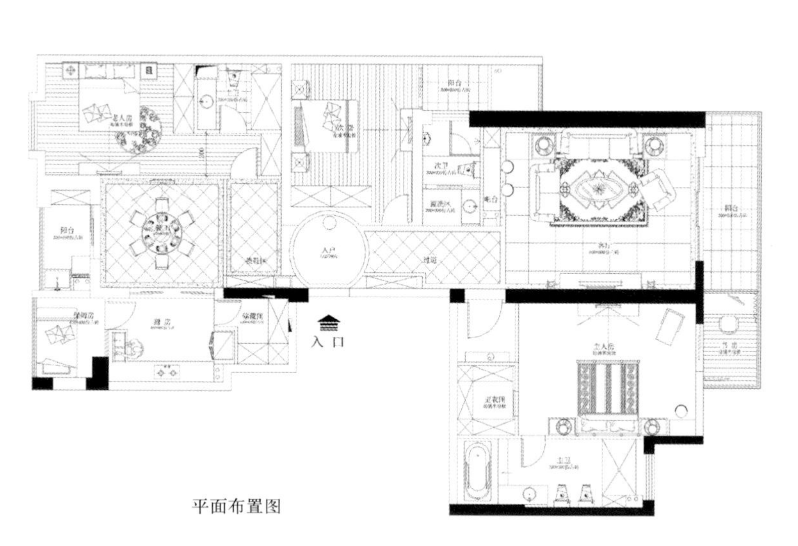


平面布置图

**主案设计：**
陈砚茫 Chen Yanmang
**博客：**
http:// 229011.china-designer.com
**公司：**
温州华派装饰工程有限公司
**职位：**
设计总监

**职称：**
中国室内设计师
IFI国际建筑师联盟会员

# 高楼中的跃层

# Rise in the Thermocline

## A 项目定位 Design Proposition

“理性”并“享受”这是业主给我最深刻的印象。和我给作品的标题一样，因为客户对空间理性的取舍所以才有了高楼中的跃层，且父母与子女间都拥有功能齐备相对独立的生活区域。

## B 环境风格 Creativity & Aesthetics

因为套房靠近路边，灰尘和噪音都比较厉害，因此窗户一般都是关闭的，考虑这点，我们在整个套房内做了一套中央新风系统，不论是白天或夜晚在封闭的空间内我们依然能呼吸道室外新鲜的空气。

## C 空间布局 Space Planning

对内对外的空间划分十分理性，因为是两间套房，平时客户主要活动区域都在楼上一层，楼下的功能主要是对外的，和女儿偶尔回来住。这样的布局打破了以往的客餐厅在一个层面上的惯例。

## D 设计选材 Materials & Cost Effectiveness

设计在大理石的做法上运用了很多新型的加工方式，比如地面的拼花，色调分明，干脆利落，不失石材的庄重豪华又显年轻态。客厅的弧形墙体我们运用沙雕画的做法，即使客厅空间拉大，又是来往之间的景色所在。

## E 使用效果 Fidelity to Client

客户很满意此设计，空间功能安排上很符合他们的生活习惯，空间所呈现出的最终效果大方稳重，内敛低调，非常符合他们预先的要求。

**Project Name_**
*Rise in the Thermocline*
**Chief Designer_**
*Chen Yanmang*
**Location_**
*Wenzhou Zhejiang*
**Project Area_**
*230sqm*
**Cost_**
*700,000RMB*

**项目名称_**
*高楼中的跃层*
**主案设计_**
*陈砚茫*
**项目地点_**
*浙江 温州*
**项目面积_**
*230平方米*
**投资金额_**
*70万元*

**主案设计：**
吕爱华 Lv Aihua
**博客：**
http://310769.china-designer.com
**公司：**
北京尚界装饰有限公司
**职位：**
首席设计师

**奖项：**
2009全国室内空间环境艺术大赛入围奖
2009全国十佳配饰设计师
2010年度金堂奖优秀住宅公寓设计
2010年度京城十大设计名师
**项目：**
畅想多元新古典
卡布奇诺-living
氧生活•幸福家
混搭情绪空间
地中海的时光
常青园
森林逸城
左家庄小区
华侨城

# 畅想多元新古典
# Imagine Multi-neo-classical

## A 项目定位 Design Proposition
业主希望空间具备古典与现代的双重审美效果，追求高品味生活。设计时从多元的新古典风格出发，让居住者在享受物质文明的同时获得精神上的慰藉。

## B 环境风格 Creativity & Aesthetics
多元的新古典风格。融入欧式和中式新古典元素，硬装的简约设计为多元化的软装素材提供和谐的背景。

## C 空间布局 Space Planning
合理改造空间。因餐厅较小，厨房被改造成封闭和开放兼顾，并实现厨房中岛多功能性，卫生间的改造也兼具实用与美观。

## D 设计选材 Materials & Cost Effectiveness
选材：天然石材、不锈钢、银箔结合皮草、丝绒、实木，冷暖材质在和谐色调里丰富变化。色调：以咖色、白色、为主体色，融入黑、灰、银，点缀紫红，大量的中性色运用烘托出空间低调奢华的气质。

## E 使用效果 Fidelity to Client
定制家具在尺寸的确定和材质选择上得到业主高度肯定，简约的硬装、新古典的家具、现代艺术画和精致摆件在整体环境和谐中变化均赢得了业主的欣赏，并已在专业家居媒体刊登。

**Project Name_**
*Imagine Multi-neo-classical*
**Chief Designer_**
*Lv Aihua*
**Location_**
*Chaoyang District Beijing*
**Project Area_**
*160sqm*
**Cost_**
*700,000RM*

**项目名称_**
*畅想多元新古典*
**主案设计_**
*吕爱华*
**项目地点_**
*北京 朝阳*
**项目面积_**
*160平方米*
**投资金额_**
*70万元*

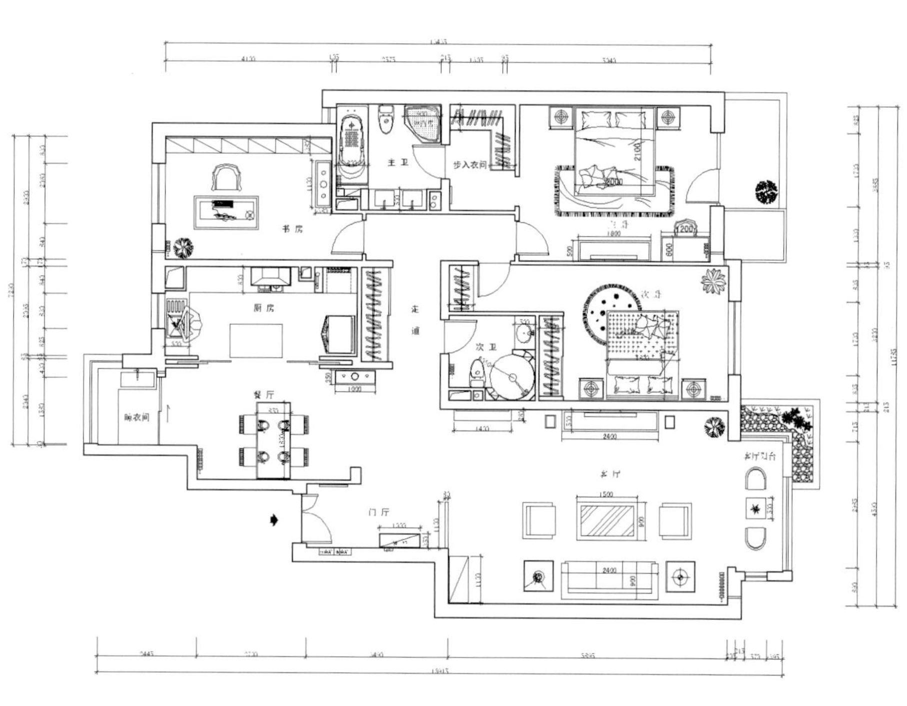

平面布置图

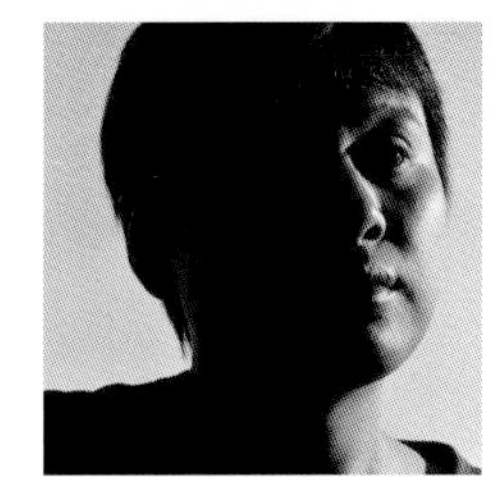

**主案设计：**
董龙 Dong Long
**博客：**
http:// 379561.china-designer.com
**公司：**
DOLONG董龙设计
**职位：**
设计总监

# 灰色回归
# Grey Resurgence

A **项目定位** Design Proposition
喜欢旧旧的感觉。

B **环境风格** Creativity & Aesthetics
灰色地板整面上墙，塑造原木自然之美。

C **空间布局** Space Planning
房型结构上做了颠覆性的改造，主要体现在于楼梯的位置。

D **设计选材** Materials & Cost Effectiveness
用了大量地板。

E **使用效果** Fidelity to Client
喜欢平和，舒缓．仿佛从记忆里提炼出来的色彩，过滤了阴沉和伤感，让视觉在不绚丽，不耀眼，不强烈的环境里，静谧向心。

**Project Name_**
*Grey Resurgence*
**Chief Designer_**
*Dong Long*
**Location_**
*Nanjing Jiangsu*
**Project Area_**
*180sqm*
**Cost_**
*800,000RMB*

**项目名称_**
*灰色回归*
**主案设计_**
*董龙*
**项目地点_**
*江苏 南京*
**项目面积_**
*180平方米*
**投资金额_**
*80万元*

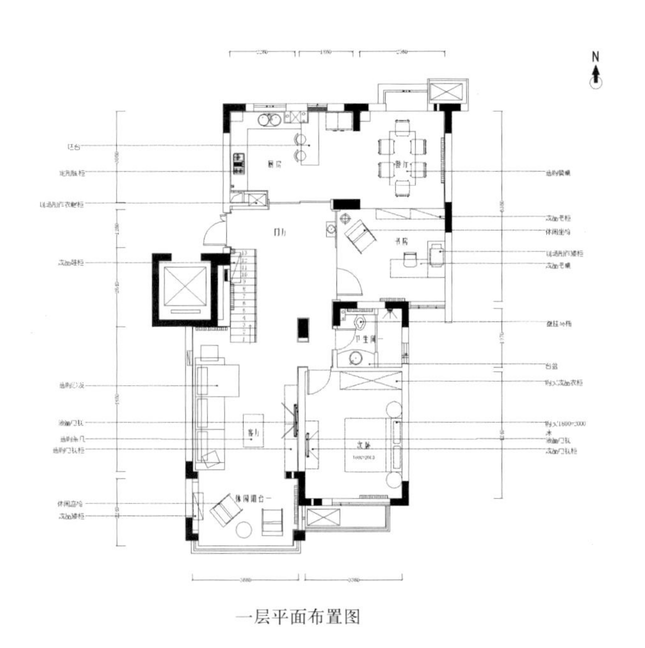

一层平面布置图

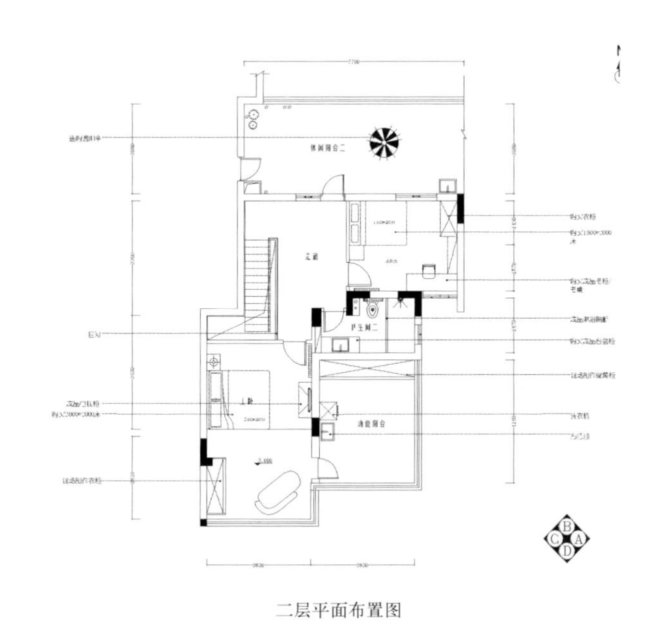

二层平面布置图

**主案设计：**
曾建龙 Zeng Jianlong
**博客：**
http:// 442519.china-designer.com
**公司：**
G I D 国际设计
**职位：**
首席设计师

**职称：**
CIID中国建筑学会室内设计分会会员
ICIAD国际室内建筑师与设计师理事会理事
**项目：**
枫丹白露红酒屋
公元一号酒吧
清水湾-SPA会所


# 新田园住宅空间
# The New Rural Residential

## A 项目定位 Design Proposition

本案是一个居家空间，主人是一个在政府单位工作人员，一家三口居住，在设计过程中设计师和业主有了很好的沟通，业主也很喜欢比较简约的设计风格。

## B 环境风格 Creativity & Aesthetics

这个空间整体上还是以简约明快的设计表现手法来完成，通过色彩的把握、形体结构细节的表现来传递生活的态度。

## C 空间布局 Space Planning

空间的主调以黑白对比为主，布局上更多是考虑实用性，空间的收藏功能和美学比较完美的相结合，在客厅和餐厅之间有个备餐柜，一个方面可以解决餐厅的收纳功能同时可以达到区域分区功能。

## D 设计选材 Materials & Cost Effectiveness

在书房墙上采用玻璃隔墙以木结构在完成细节变化，这样可以加强通道的宽敞度也可以延深空间的视觉感，在卧室空间设计上以改变细节为主，原空间建筑墙体是弧线墙，这样的空间在居家卧室里是很不舒服的所以设计师在空间上改变了弧墙的造型。

## E 使用效果 Fidelity to Client

业主居住舒适。

**Project Name_**
*The New Rural Residential*
**Chief Designer_**
*Zeng Jianlong*
**Location_**
*Wenzhou Zhejiang*
**Project Area_**
*136sqm*
**Cost_**
*600,000RM*

**项目名称_**
*新田园住宅空间*
**主案设计_**
*曾建龙*
**项目地点_**
*浙江 温州*
**项目面积_**
*136平方米*
**投资金额_**
*60万元*

平面布置图

**主案设计：**
谌建奇 Chen Jianqi
**博客：**
http://454469.china-designer.com
**公司：**
上海五凹装饰设计有限公司
**职位：**
设计总监

**职称：**
高级室内建筑师
**项目：**
松江海德名园
星辰园
圣地维拉
白汉宫
保时捷4S店
香逸湾
仁恒运杰河滨花园

# 上海艺康苑董宅

# Shanghai Yikang Yuan-Dong House

## A 项目定位 Design Proposition

本案为现代简约低调奢华混搭风格，在空间的处理上以简结明快的面及线条做装饰，再配以新奢华风格的家具，让空间在简约中多了一分雅致与一丝丝的奢华感。

## B 环境风格 Creativity & Aesthetics

恬淡如风般清新，似乎有丝丝清凉的风迎着面吹来，像一幅长在海上的风景，处处是恬淡简洁明了的线和面配以新奢华风的家具，又搭以柔和温馨的色调，让空间在简约中升华，似酒店而非酒店混搭风格的家。

## C 空间布局 Space Planning

这是一个搭配柔美的空间，线和面充满着简约时尚的味道，比如缺角的顶角线、电视与沙发背景墙、吊顶，其中的点确是华贵典雅与简约的互相点缀，如沙发、茶几、吊灯、装饰画。

## D 设计选材 Materials & Cost Effectiveness

细木工板、石膏板、进口乳胶漆与壁纸、壁画、白影与铁刀木饰面清水、浅色实木地板、白色混踢脚线、烤漆柜门等。

## E 使用效果 Fidelity to Client

达到了业主最初想要的酒店风的感觉。

**Project Name_**
*Shanghai Yikang Yuan-Dong House*
**Chief Designer_**
*Chen Jianqi*
**Location_**
*Baoshan District Shanghai*
**Project Area_**
*117sqm*
**Cost_**
*280,000RM*

**项目名称_**
*上海艺康苑董宅*
**主案设计_**
*谌建奇*
**项目地点_**
*上海 宝山*
**项目面积_**
*117平方米*
**投资金额_**
*28万元*

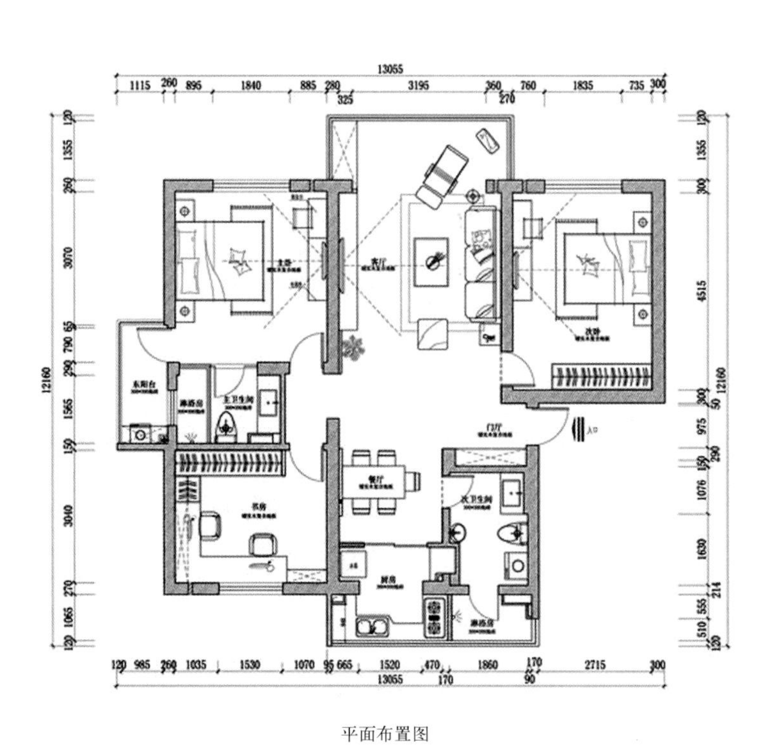
13055
1115 260 896 1840 885 280 3195 360 760 1835 735 300
325 270
东阳台
主卫生间
门厅
入口
餐厅
次卫生间
厨房
12160
120 985 260 1035 1530 1070 95 665 1520 470 1860 170 2715 300
13055 170 90

平面布置图

**主案设计：**
蒋娟 Jiang Juan
**博客：**
http://463445.china-designer.com
**公司：**
威利斯设计公司
**职位：**
首席设计

**职称：**
中国建筑装饰协会会员
国家注册室内建筑师
国家注册高级住宅室内设计师
中国建筑装饰网"设计师联盟"设计师
2009年搜狐奥特朗杯第六届中国室内设计明星博客大赛三等奖


**项目：**
苏州常熟市银湖别墅
上海证大家园公寓房
苏州市波波熊办公大楼
苏州常熟市虞景山庄
苏州常熟湖畔别墅
北京华侨城别墅

# 简约中国风
# Simple Chinese Style

## A 项目定位 Design Proposition
设计师在房子原有结构的基础上进一步明确了不同区域的功能性，并稍加改造使其更为合理。

## B 环境风格 Creativity & Aesthetics
本案定位于现代简约风格，以黑白灰为基调，通过黑白灰的深浅变化来展现现代生活的艺术与魅力。房屋的顶部几乎没有修饰，仅仅以简单的石膏线和几盏筒灯来点缀，简约而不失层次感。墙壁也仅仅以现代风格的装饰画点缀，填充空间的视觉效果。

## C 空间布局 Space Planning
客厅配以极具线条感的布艺沙发，电视墙部分设置储物柜和地柜，并在墙壁上安置了隔板，保证了客厅的收纳。会客区和学习区家具选用板式家具，板式家具本身的清新亮丽无需更多的装饰即能带来别样的享受。

## D 设计选材 Materials & Cost Effectiveness
主卧的墙壁采用了紫色的装饰墙纸，窗帘也配以同色系，紫色带来的高贵、温馨、神秘、典雅的气息弥漫了整空间。

## E 使用效果 Fidelity to Client
功能合理，风格清新。

**Project Name_**
*Simple Chinese Style*
**Chief Designer_**
*Jiang Juan*
**Location_**
*Suzhou Jiangsu*
**Project Area_**
*120sqm*
**Cost_**
*250,000RM*

**项目名称_**
*简约中国风*
**主案设计_**
*蒋娟*
**项目地点_**
*江苏 苏州*
**项目面积_**
*120平方米*
**投资金额_**
*25万元*

平面布置图

**主案设计：**
钟其明 Zhong Qiming
**博客：**
http://492143.china-designer.com
**公司：**
成都易景室内设计事务所
**职位：**
设计总监

**奖项：**
2010年《天使爱美味》获2010年亚太室内设计双年展大奖赛入围奖
2011年《今夜宴语》获"博德杯"中国第二届地域文化室内设计大奖赛银奖
2011年《福林锦翠餐厅》获2011年中装协"照明周刊杯"中国照明应用设计大赛成都赛区优胜奖

**项目：**
中竹纸业集团办公楼
太平洋百货员工餐厅
普罗旺斯中餐馆
宜宾滨江公园
中国核动力研究设计院办公楼
朝阳湖民航大酒店
华阳国际大酒店
西昌邛海宾馆
四川川化集团宾馆
五粮液集团安吉大酒店
五粮液集团百味园中餐厅
天韵珠宝琴台店
美味关系•台湾创意料理
圣象集团郫县旗舰店展厅

# 翡翠明珠
# Emerald Pearl

## A 项目定位 Design Proposition
本案业主希望这个家可以奢华，但是必须低调。

## B 环境风格 Creativity & Aesthetics
它没有想象中的金碧辉煌，也没有夸张的豪华配饰，只是材质语言以最淋漓尽致的方式展现了它的华美。在钢筋水泥铸造的城市里，人心仍然向往的是自然之美，仍然将纯天然的鬼斧神工所带来的艺术美称为奢华。天然美，胜于一切矫揉造作。

## C 空间布局 Space Planning
作为视觉重点的电视墙，是以一幅纹理如抽象画的红色洞石作为主角。设计师以玻璃、丝、银镜为元素组成了不同透光形式，组成不同光影感的推拉门。

## D 设计选材 Materials & Cost Effectiveness
豪华与本土文化的材质运用并从，开门见山的玄关，通常会给人强烈的第一印象。因此，玉如意压阵，象征财富的贝壳做陪衬是最好不过的搭配。只是贝壳出现的形式有很多种，偏偏这次选择最与众不同的一种——贝壳墙贴。即使是墙贴它也是由真贝壳做成的。 被锈掉的板岩铺墙，流水声作为背景音乐，可随心所欲悬挂植物的木格，阻隔邻居视线却又能让空气流动的架子，一切元素组合在一起，这里的夜晚也就有了深山夜谈的感觉。

## E 使用效果 Fidelity to Client
业主居住舒适，满意。

**Project Name_**
*Emerald Pearl*
**Chief Designer_**
*Zhong Qiming*
**Participate Designer_**
*Huang Ying*
**Location_**
*Chengdu Sichuan*
**Project Area_**
*216sqm*
**Cost_**
*2,000,000RMB*

**项目名称_**
*翡翠明珠*
**主案设计_**
*钟其明*
**参与设计师_**
*黄莺*
**项目地点_**
*四川 成都*
**项目面积_**
*216平方米*
**投资金额_**
*200万元*

18800
5100
2700
1850
3550
3000
2400
洗涤间
保姆房
厨房
娱乐房
客卫
客房
书房
更衣室
主卧室
餐厅
客厅
儿童房
衣帽间
主卫
入户花园
休闲阳台
6400
3600
2400
4250

平面布置图

**主案设计**：
童武民 Tong Wumin
**博客**：
http:// 494350.china-designer.com
**公司**：
江西联动建筑装饰工程有限公司
**职位**：
总设计师

**职称**：
(IFI)国际室内建筑师/设计师联盟会员
中国建筑学会室内设计分会27(江西)专业委员会副秘书长
中国建筑学会室内设计分会27(江西)专业评审委员会专家评委
中国建筑学会室内设计分会27(江西)专业委员会委员

# 写意东方
# Freehand East

**A 项目定位** Design Proposition
在60平方米左右空间，不仅要满足居住的功能和舒适，同时还要置入家居品质和文化需求，这是一个命题作文……

**B 环境风格** Creativity & Aesthetics
稳重中不失现代感。

**C 空间布局** Space Planning
充分利用镂空隔断制造明确的区域划分。

**D 设计选材** Materials & Cost Effectiveness
大理石与布艺结合。

**E 使用效果** Fidelity to Client
非常满意。

**Project Name_**
*Freehand East*
**Chief Designer_**
*Tong Wumin*
**Participate Designer_**
*Li Xinwei*
**Location_**
*Shangrao Jiangxi*
**Project Area_**
*65sqm*
**Cost_**
*180,000RMB*

**项目名称_**
*写意东方*
**主案设计_**
*童武民*
**参与设计师_**
*李信伟*
**项目地点_**
*江西 上饶*
**项目面积_**
*65平方米*
**投资金额_**
*18万元*

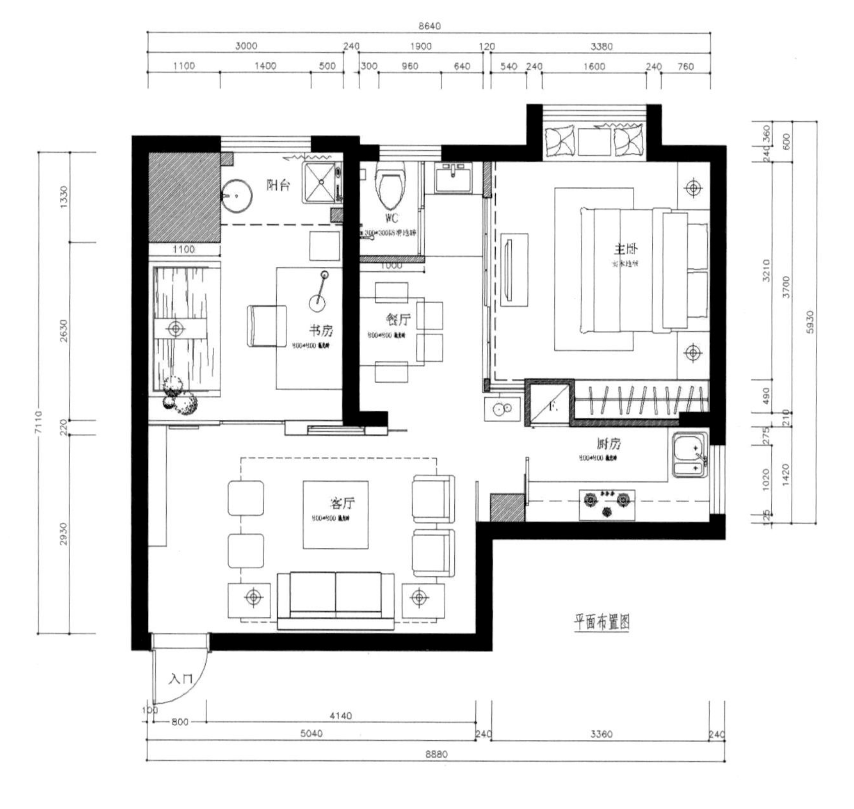

平面布置图

篆书字典
草书字典
行书字典

**主案设计：**
潘锦秋 Pan Jinqiu
**博客：**
http:// 500038.china-designer.com
**公司：**
潘锦秋室内设计工作室
**职位：**
首席设计师
**职称：**
中国室内设计师

**项目：**
万科金色家园
石湖华城别墅
德邑别墅
庭院别墅
平门府
中梁本岸别墅

# 宁静的港湾
# A Quiet Haven

**A 项目定位** Design Proposition
业主对功能和实用很讲究，并且只喜欢白色。

**B 环境风格** Creativity & Aesthetics
鉴于周围的建筑和风格，包括业主喜欢的感觉，整个定义为现代简约风格全部采用白色为基调。

**C 空间布局** Space Planning
打破传统的格局，尽量通过改变房型结构来使空间更舒服。

**D 设计选材** Materials & Cost Effectiveness
设计上多采用了智能系统，更人性化的设计体现在空间里。

**E 使用效果** Fidelity to Client
业主非常满意整个的效果，并且后期所有的软装也是设计师帮助全部配到位。

**Project Name_**
*A Quiet Haven*
**Chief Designer_**
*Pan Jinqiu*
**Location_**
*Suzhou Jiangsu*
**Project Area_**
*190sqm*
**Cost_**
*500,000RMB*

**项目名称_**
*宁静的港湾*
**主案设计_**
*潘锦秋*
**项目地点_**
*江苏 苏州*
**项目面积_**
*190平方米*
**投资金额_**
*50万元*

平面布置图

**主案设计：**
陈连武 Chen Lianwu
**博客：**
http://797206 .china-designer.com
**公司：**
城市室内装修设计有限公司
**职位：**
设计总监

**奖项：**
2008TID设计大赛初选入围
2009TID设计大赛初选入围
2009中华民国杰出室内设计作品金创奖银牌奖
2009大金设计大赏佳作奖
2010亚太室内设计双年大奖赛优秀作品入选
2010亚太室内设计双年大奖赛新锐设计师奖
2010大金设计大赏铜牌奖

**项目：**
绿中海毛公馆
新竹卓公馆
阳光街黄宅
三峡李公馆
内湖邱宅
三重邱宅
青山镇林宅
板桥廖公馆
永和吴宅
北投圆顶艺术厅

# Josef Albers的启发
# Inspired by Josef Albers

**A 项目定位** Design Proposition
从现代主义大师Josef Albers画作中的渐层式方形经典图案，作为本案寻找经典大宅风格的开启。

**B 环境风格** Creativity & Aesthetics
渐层式方形图案的概念，发展出本案的天花板，墙面与地面等造型，产生一种动态的空间延伸感。

**C 空间布局** Space Planning
以家具装置物的配置，来作为开放式公共空间之使用机能区隔：玄关柜，界分了入口与客厅的关系，也提供了置鞋与电视音响柜的功能；中岛轻食吧台，提供非正式之餐饮社交活动，并与正式用餐活动的圆桌区分开来；气泡灯柱，作为第二进玄关的视觉焦点，让大宅有了更丰富的铺陈与层次；沙发背几柜，作为客厅与餐厅之界分区隔。

**D 设计选材** Materials & Cost Effectiveness
横跨各年代之艺术品画作之混搭，表现出屋主之视野与品味。

**E 使用效果** Fidelity to Client
建材的选择与工法上也以健康环保无毒为诉求。

**Project Name_**
*Inspired by Josef Albers*
**Chief Designer_**
*Chen Lianwu*
**Participate Designer_**
*Liu Qiuyan , Li Yixuan*
**Location_**
*Taibei Taiwan*
**Project Area_**
*300sqm*
**Cost_**
*1,500,000RMB*

**项目名称_**
*Josef Albers的启发*
**主案设计_**
*陈连武*
**参与设计师_**
*刘秋燕、李怡萱*
**项目地点_**
*台湾 台北*
**项目面积_**
*300平方米*
**投资金额_**
*150万元*

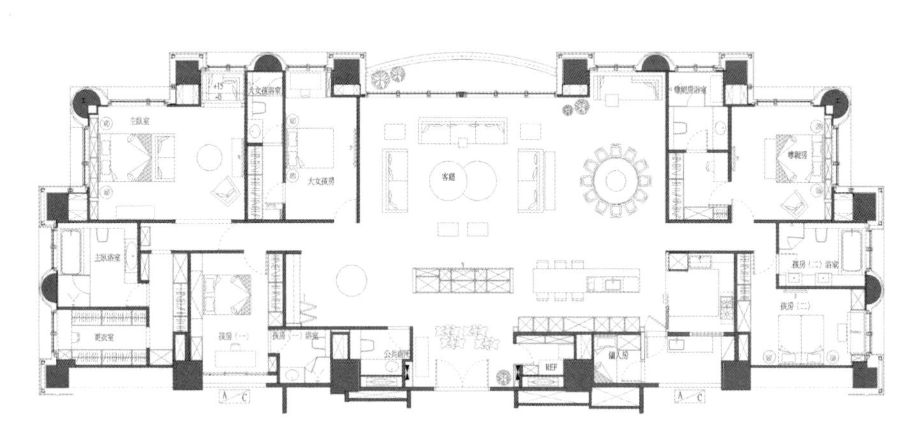
主臥室
大女孩浴室
大女孩房
客廳
孝親房浴室
孝親房
主臥浴室
更衣室
孩房（一）
孩房（一）浴室
公共廁所
REF
傭人房
孩房（二）浴室
孩房（二）
A C
A C

平面布置图

**主案设计：**
陈连武 Chen Lianwu
**博客：**
http://797206 .china-designer.com
**公司：**
城市室内装修设计有限公司
**职位：**
设计总监

**奖项：**
2008TID设计大赛初选入围
2009TID设计大赛初选入围
2009中华民国杰出室内设计作品金创奖银牌奖
2009大金设计大赏佳作奖
2010亚太室内设计双年大奖赛优秀作品入选
2010亚太室内设计双年大奖赛新锐设计师奖
2010大金设计大赏铜牌奖

**项目：**
绿中海毛公馆
新竹卓公馆
阳光街黄宅
三峡李公馆
内湖邱宅
三重邱宅
青山镇林宅
板桥廖公馆
永和吴宅
北投圆顶艺术厅

# Laddering

## A 项目定位 Design Proposition
寻找一种空间元素，可以与从事金融业的业主相互共通的语汇：ladder(爬梯)＋ing=laddering(攀梯投资法)，laddering同时也是一种沟通技法，本案从爬梯空间元素作为设计发想。

## B 环境风格 Creativity & Aesthetics
以梯形开始本案的造型语汇，用不同的反光与穿透材质。，创造空间的虚实层次，同时赋予不同的实用机能。

## C 空间布局 Space Planning
运用逐步进深的空间配置，创造水平与垂直向的视野延展，而镜面表材的拉门，也给与一种虚像的延续。

## D 设计选材 Materials & Cost Effectiveness
采用低甲醛板材，并避免油性漆的喷涂，所造成的空气毒害。

## E 使用效果 Fidelity to Client
重新赋予新的生活秩序与品质的开展。

**Project Name_**
*Laddering*
**Chief Designer_**
*Chen Lianwu*
**Participate Designer_**
*Liu Qiuyan , Chen Xingyu*
**Location_**
*Taibei Taiwan*
**Project Area_**
*150sqm*
**Cost_**
*500,000RMB*

**项目名称_**
*Laddering*
**主案设计_**
*陈连武*
**参与设计师_**
*刘秋燕、陈星羽*
**项目地点_**
*台湾 台北*
**项目面积_**
*150平方米*
**投资金额_**
*50万元*

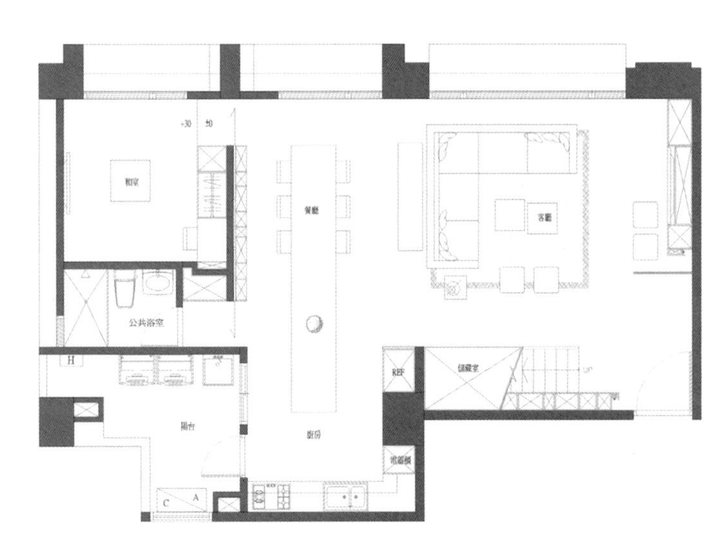


一层平面布置图

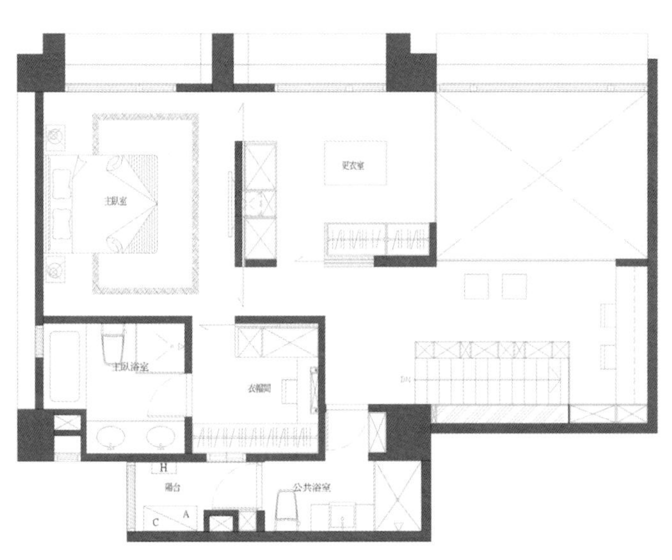


二层平面布置图

**主案设计：**
林卫平 Lin Weiping
**博客：**
http:// 802815.china-designer.com
**公司：**
宁波西泽装饰设计工程有限公司
**职位：**
总设计师

**奖项：**
2007第二届东鹏杯全国室内设计大奖赛银奖
2008中国国际建筑及室内设计节"金外滩"入围奖
2008"青林湾杯"家居室内设计大赛金奖
2009中国室内空间环境艺术设计大赛优秀奖
2009第四届"大金公寓内装设计大赛"银奖
2009中国风-IAI亚太室内设计精英邀请赛优秀奖
"海峡杯"2010年度海峡两岸室内设计大赛银奖

**项目：**
《名石•名师•名宅》（广东）
《豪华别墅》（深圳）
《中国创意界》（北京）
《厨房世界》（上海）
《宁波装饰》（宁波）
《宁波设计》（宁波）

# 宁波学府一号
# Ningbo Institution No.1

**A 项目定位** Design Proposition
追求精神和视觉上的放松。

**B 环境风格** Creativity & Aesthetics
简约风格。

**C 空间布局** Space Planning
纯粹的线条感使人们感觉到这个家居的简约风格，但是较白的色调却比一般的简约多了一点纯净。

**D 设计选材** Materials & Cost Effectiveness
白色，环保，简约。

**E 使用效果** Fidelity to Client
业主非常满意。

**Project Name_**
*Ningbo Institution No.1*
**Chief Designer_**
*Lin Weiping*
**Location_**
*Ningbo Zhejiang*
**Project Area_**
*90sqm*
**Cost_**
*200,000RMB*

**项目名称_**
*宁波学府一号*
**主案设计_**
*林卫平*
**项目地点_**
*浙江 宁波*
**项目面积_**
*500平方米*
**投资金额_**
*20万元*

平面布置图

**主案设计：**
林卫平 Lin Weiping
**博客：**
http:// 802815.china-designer.com
**公司：**
宁波西泽装饰设计工程有限公司
**职位：**
总设计师


**奖项：**
2007第二届东鹏杯全国室内设计大奖赛银奖
2008中国国际建筑及室内设计节“金外滩”入围奖
2008“青林湾杯”家居室内设计大赛金奖
2009中国室内空间环境艺术设计大赛优秀奖
2009第四届“大金公寓内装设计大赛”银奖
2009中国风-IAI亚太室内设计精英邀请赛优秀奖
“海峡杯”2010年度海峡两岸室内设计大赛银奖

**项目：**
《名石•名师•名宅》（广东）
《豪华别墅》（深圳）
《中国创意界》（北京）
《厨房世界》（上海）
《宁波装饰》（宁波）
《宁波设计》（宁波）

# 宁波香榭丽舍
# Ningbo ChampsElysees

## A 项目定位 Design Proposition
色彩是空间的音符，最能感染人的情绪。在作品中，蓝、白、红、紫四色构成了主旋律。

## B 环境风格 Creativity & Aesthetics
蓝色奠定了客厅及公共空间轻松的基调，并给人理智、平静、清新的联想，优雅的白色带来纯净的感官，而红色则让餐厅的氛围显得活泼、卧室的气氛变得浪漫，至于神秘、尊贵的紫色总是给人矛盾的美感。

## C 空间布局 Space Planning
颜色的交汇演变出一曲动人的交响曲，给人带来了精神愉悦和亲切的感受，大大提高了空间与人的情感沟通，结合形态、材质、装饰等设计要素的集约和虚实相生的设计手法，设计艺术与人们生活情感述求的水乳交融，空间在简约的基调中衍生出无数的变化，充满迷人的氛围和浪漫的情绪。

## D 设计选材 Materials & Cost Effectiveness
简洁的家具风格和丰富的色彩变化与空间遥相呼应，在尊重空间的同时，赋予家居一丝简约灵动之性。让空间充满知性、稚趣、跃动与脱俗。即使不经意的低首，也能发现惊喜与可爱的地方。

## E 使用效果 Fidelity to Client
香榭丽舍，迷人的色彩空间，无论热烈还是平和，是喧嚣还是安静，一切都在这个用心构筑的甜蜜居舍，这一个亲切、和蔼、灵动的自我空间。

**Project Name_**
*Ningbo ChampsElysees*
**Chief Designer_**
*Lin Weiping*
**Location_**
*Ningbo Zhejiang*
**Project Area_**
*240sqm*
**Cost_**
*900,000RMB*

**项目名称_**
*宁波香榭丽舍*
**主案设计_**
*林卫平*
**项目地点_**
*浙江 宁波*
**项目面积_**
*240平方米*
**投资金额_**
*90万元*

一层平面布置图

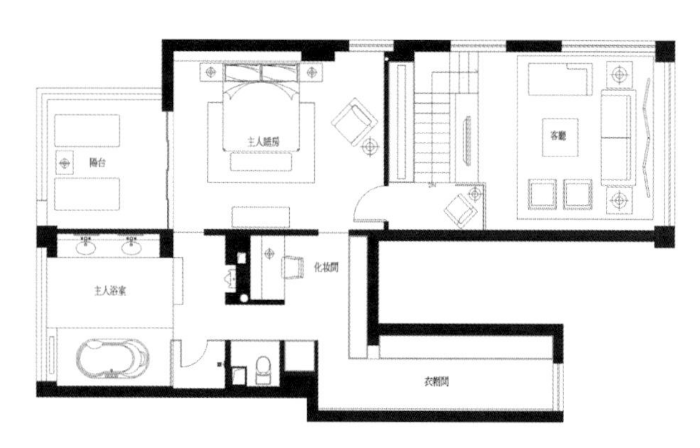

二层平面布置图

pdp

**主案设计：**
杨威 Yang Wei
**博客：**
http:// 814509.china-designer.com
**公司：**
湖南株洲鸿扬
**职位：**
高级设计师


# 青韵

# Qing Yun

## A 项目定位 Design Proposition

中国风。

## B 环境风格 Creativity & Aesthetics

新东方。

## C 空间布局 Space Planning

莹透素颜。

## D 设计选材 Materials & Cost Effectiveness

白色微晶石、青花马赛克。

## E 使用效果 Fidelity to Client

青韵珍珠白沁就烟雨，孔雀蓝映著月光莹透。素颜朦檀香，花瓷青韵满庭芳。

**Project Name_**
*Qing Yun*
**Chief Designer_**
*Yang Wei*
**Participate Designer_**
*He Xiang , liu Lang*
**Location_**
*Changsha Hunan*
**Project Area_**
*168sqm*
**Cost_**
*300,000RMB*

**项目名称_**
*青韵*
**主案设计_**
*杨威*
**参与设计师_**
*何翔、刘浪*
**项目地点_**
*湖南 长沙*
**项目面积_**
*168平方米*
**投资金额_**
*30万元*

平面布置图

**主案设计：**
施传峰 Shi Chuanfeng
**博客：**
http://818959.china-designer.com
**公司：**
福州宽北装饰设计有限公司
**职位：**
首席设计师

**奖项：**
中国建筑学会室内设计分会设计师
喜盈门杯首届福建省家居设计大赛佳作奖
2000年“融侨东区”杯装饰设计大赛二等奖
2000-2001年，曾多次在东南快报和置业周刊上刊登设计作品
2009“瑞丽•美的中央空调”全国家居设计大赛三等奖

**项目：**
枫丹白鹭
康居康园
回归
桂湖云庭

# 黑白演绎的精彩
# Black and White

## A 项目定位 Design Proposition
整个设计想要的效果就是这个家能让业主感到一种浓浓的归属感，能让自己疲惫的身心得到彻底的放松，一句话：“斯是陋室，惟吾德馨”。

## B 环境风格 Creativity & Aesthetics
大空间，黑与白，收纳设计者“追求空间与形体创意”的设计精髓。

## C 空间布局 Space Planning
本案是一个三房两厅的户型，按照建筑设计的话，其中一房居于客厅与其它房的中间，将是在过道上，这样显然采光很不好，另外还有客卫也是没有天然光源的，设计时，分为两大块区域，其中厨房、餐厅、客厅、书房以及洗手区共同构成一个大的公共区域，另一部分就是两个卧室了。

## D 设计选材 Materials & Cost Effectiveness
以白色为主，让空间显得明快，这使书房由于进深较深、采光不好的问题得到解决。白色为主辅以黑色进行搭配能够在轻快的同时又不失稳重。

## E 使用效果 Fidelity to Client
作品得到业主的充分肯定。

**Project Name_**
*Black and White*
**Chief Designer_**
*Shi Chuanfeng*
**Participate Designer_**
*Xu Na*
**Location_**
*Fuzhou Fujian*
**Project Area_**
*140sqm*
**Cost_**
*140,000RMB*

**项目名称_**
*黑白演绎的精彩*
**主案设计_**
*施传峰*
**参与设计师_**
*许娜*
**项目地点_**
*福建 福州*
**项目面积_**
*140平方米*
**投资金额_**
*14万元*

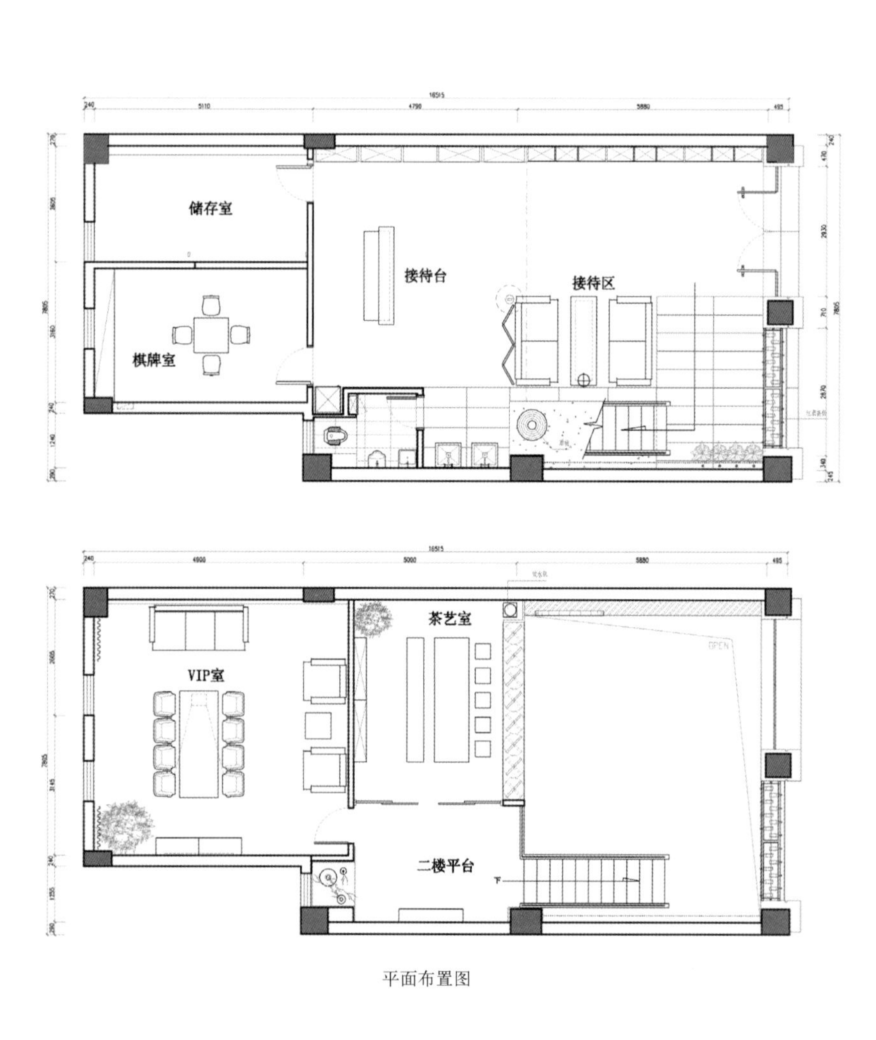


平面布置图

**主案设计：**
郑杨辉 Zheng Yanghui
**博客：**
http://819477.china-designer.com
**公司：**
福州创意未来装饰设计有限公司
**职位：**
设计师

**奖项：**
中国建筑学会室内设计分会第八委员会秘书长
中国建筑学会室内设计分会理事
ic@-word全球室内设计比赛餐饮空间会所银奖
Idea-Tops全球专业室内设计艾特大奖国际最佳居住空间大奖
新中源杯居住主题空间亚洲室内设计比赛C类金奖
"尚高杯"IFI国际暨中国室内设计大奖赛银奖

**项目：**
寻常故事
云顶"视"界
心迹归航
世博情

# 云顶视界

## Over the Sky

A 项目定位 Design Proposition
当代新东方的意境氛围。

B 环境风格 Creativity & Aesthetics
既能收纳东方的韵味又能焕发时尚的活力。

C 空间布局 Space Planning
简约的直线和温馨柔和的视觉感受。

D 设计选材 Materials & Cost Effectiveness
灰色玻化砖的工字型铺贴与质朴环保的软木结合。

E 使用效果 Fidelity to Client
予人"内敛的现代"之感。

**Project Name_**
*Over the Sky*
**Chief Designer_**
*Zheng Yanghui*
**Location_**
*Fuzhou Fujian*
**Project Area_**
*148sqm*
**Cost_**
*220,000RMB*

**项目名称_**
*云顶视界*
**主案设计_**
*郑杨辉*
**项目地点_**
*福建 福州*
**项目面积_**
*148平方米*
**投资金额_**
*22万元*

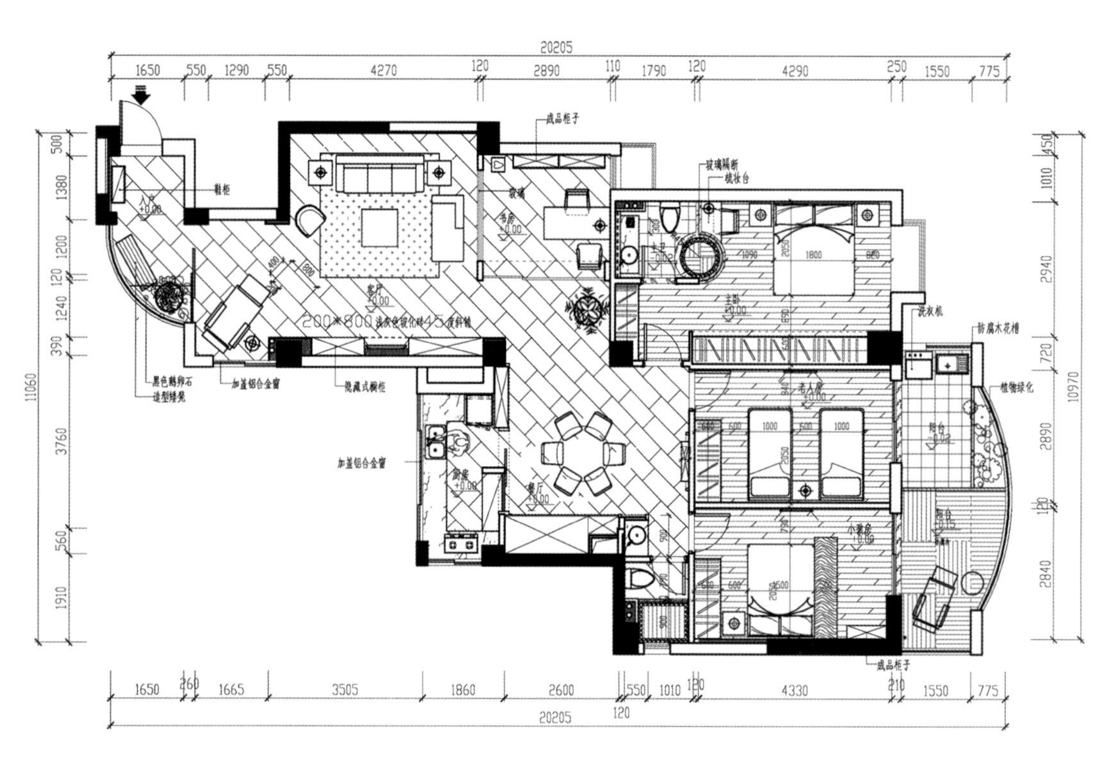
20205
1650
550
1290
550
4270
120
2890
110
1790
120
4290
250
1550
775
成品柜子
鞋柜
入户
±0.00
书房
±0.00
玻璃隔断
梳妆台
客厅
±0.00
200*800浅灰色玻化砖45度斜铺
主卧
±0.00
洗衣机
防腐木花槽
植物绿化
黑色鹅卵石
造型矮凳
加盖铝合金窗
隐藏式橱柜
加盖铝合金窗
厨房
±0.00
餐厅
±0.00
老人房
±0.00
阳台
小孩房
±0.00
成品柜子
1650
260
1665
3505
1860
2600
550
1010
120
4330
210
1550
775
120
20205
11060
500
1380
1200
120
1240
390
3760
560
1910
10970
450
1010
2940
720
2890
120
2840
平面布置图

**主案设计：**
陈涛 Chen Tao
**博客：**
http://20379.china-designer.com
**公司：**
长沙市华运建筑工业设计有限公司
**职位：**
高级设计师
**职称：**
金堂奖•2010CHINA-DESIGNER中国室内设计年度评选优秀奖
**项目：**
活力康城
世纪阳光
美容院
水晶郦城

# 我要我个性
# Unique

## A 项目定位 Design Proposition

业主是对年轻的夫妇，男主人从事建筑方面的设计，所以对现代感的前卫个性设计情有独钟。

## B 环境风格 Creativity & Aesthetics

色彩运用大胆豪放的黑白加上艳丽的红色和神秘的紫色点缀，形成了强烈的对比。客餐厅黑色的玻璃茶几，餐桌，独特简约的黑红餐椅，过道处不锈钢的门套，都透露着浓浓的金属味道，无一不在表现着“现代”两字。

## C 空间布局 Space Planning

本案在构图上打破横平竖直的空间造型，运用大块面的斜线造型、不同的材质对比以及利用墙面和顶面的整体不对称组合，起到了独特的视觉效果。

## D 设计选材 Materials & Cost Effectiveness

大面积的不对称黑镜，搭配简单的LED射灯和见光不见灯的灯槽，映射出另一番景象。开敞式的厨房，灰色的竖纹壁纸让不大的空间显得更加的通透和明亮。

## E 使用效果 Fidelity to Client

很独特，很有自己的个性，很多朋友和小区的邻居来参观学习，业主很自豪也很满意。

**Project Name_**
*Unique*
**Chief Designer_**
*Chen Tao*
**Location_**
*Changsha Hunan*
**Project Area_**
*128sqm*
**Cost_**
*200,000RMB*

**项目名称_**
*我要我个性*
**主案设计_**
*陈涛*
**项目地点_**
*湖南 长沙*
**项目面积_**
*128平方米*
**投资金额_**
*20万元*

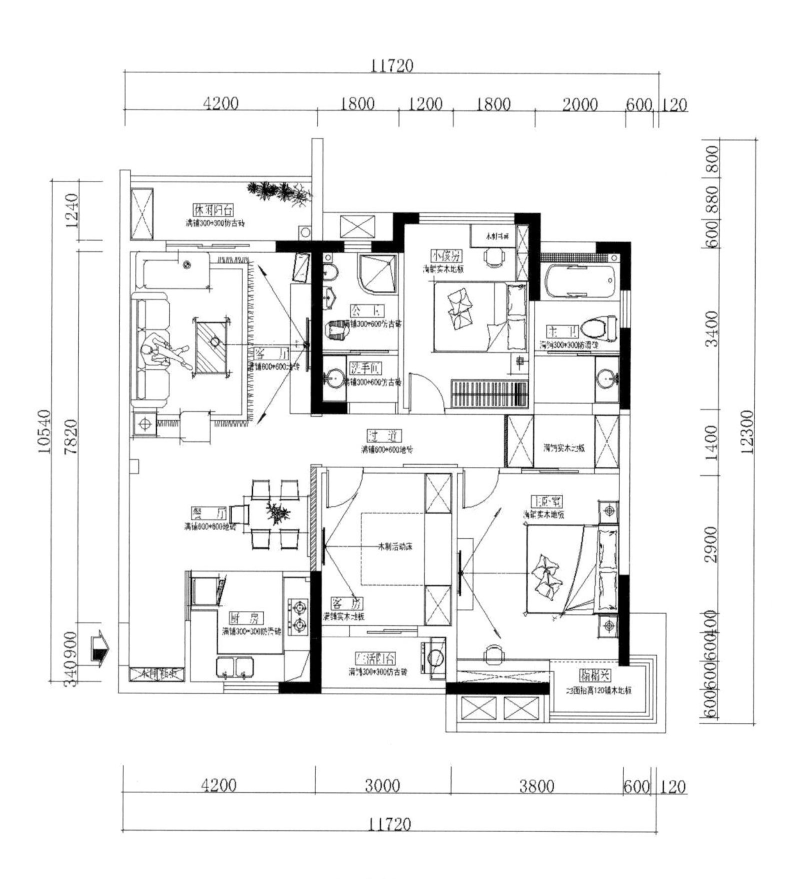


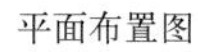
平面布置图

**主案设计：**
吴锐 Wu Rui
**博客：**
http://34268.china-designer.com
**公司：**
方正纵横装饰公司
**职位：**
首席设计师
**职称：**
高级室内建筑师
**项目：**
清新田园风
两个人的城堡
难舍乡村情节

# 甜蜜爱情海
# Mediterranean

**A 项目定位** Design Proposition
舒适，婚房要求甜蜜、喜庆，偏爱地中海风格。

**B 环境风格** Creativity & Aesthetics
混搭地中海风格。

**C 空间布局** Space Planning
餐厅墙面的改动让客厅餐厅显得更加的通透。

**D 设计选材** Materials & Cost Effectiveness
艺术石，桑拿板，马赛克。

**E 使用效果** Fidelity to Client
温馨，浪漫。

**Project Name_**
*Mediterranean*
**Chief Designer_**
*Wu Rui*
**Location_**
*Wuhan Hubei*
**Project Area_**
*110sqm*
**Cost_**
*120,000RMB*

**项目名称_**
*大华西溪风情*
**主案设计_**
*吴锐*
**项目地点_**
*湖北 武汉*
**项目面积_**
*110平方米*
**投资金额_**
*12万元*

甜蜜爱琴海
甜蜜爱琴海
甜蜜爱琴海
甜蜜爱琴

甜
爱琴海

**主案设计：**
陈俊男 Chen Junnan
**博客：**
http://145611.china-designer.com
**公司：**
上海邑方空间设计
**职位：**
设计总监


**奖项：**
- 金堂奖•年度十佳样板房/售楼处2010
- 紫荆花漆美居行动 奇思妙想2010
- 伊莱克斯十大样板房设计师2008
- 中国(上海)国际建筑及室内设计节金外滩入围奖2007、2008
- FERICHI杯室内精英设计师大赛优选奖2007

**项目：**
- 浦东仕嘉名苑杜公馆2011
- TOWNSTEEL上海展示厅2011
- 杭州大华西溪风情江公馆2010
- 观庭王公馆2010
- 翠湖天地周公馆2010
- 君御豪庭叶公馆2010
- BERNIS 长春卓展店2009

# 上海浦东杜宅
# Shanghai Pudong-Du House

## A 项目定位 Design Proposition
业主是一对年轻的夫妻，追求高品位、高质量的生活。

## B 环境风格 Creativity & Aesthetics
此作品为简约风格，白色为主打色，完全符合业主的要求。

## C 空间布局 Space Planning
运用白色亮面烤漆，使得整个屋内明亮宽敞。

## D 设计选材 Materials & Cost Effectiveness
大量运用木皮、马赛克、不锈钢和复合地板。

## E 使用效果 Fidelity to Client
此项目得到了业主的好评和认可，给业主带来了舒适的环境。

**Project Name_**
*Shanghai Pudong-Du House*
**Chief Designer_**
*Chen Junnan*
**Location_**
*Pudongxinqu District Shanghai*
**Project Area_**
*150sqm*
**Cost_**
*500,000RMB*

**项目名称_**
*上海浦东杜宅*
**主案设计_**
*陈俊男*
**项目地点_**
*上海 浦东新区*
**项目面积_**
*150平方米*
**投资金额_**
*50万元*

平面布置图

**主案设计：**
朱国庆 Zhu Guoqing
**博客：**
http:// 202216.china-designer.com
**公司：**
MC时尚空间设计
**职位：**
设计总监
**职称：**
高级室内建筑师

# 白色蒲公英
# White Dandelion

## A 项目定位 Design Proposition
业主是80后，父母就住在同一个小区，一般都在父母家吃饭，所以对厨房和餐厅要求不高。

## B 环境风格 Creativity & Aesthetics
现代和田园元素混搭。

## C 空间布局 Space Planning
布局宽敞简洁。

## D 设计选材 Materials & Cost Effectiveness
大方简洁。

## E 使用效果 Fidelity to Client
合适。

**Project Name_**
*White Dandelion*
**Chief Designer_**
*Zhu Guoqing*
**Location_**
*Minhang District Shanghai*
**Project Area_**
*100sqm*
**Cost_**
*200,000RMB*

**项目名称_**
*白色蒲公英*
**主案设计_**
*朱国庆*
**项目地点_**
*上海 闵行*
**项目面积_**
*100平方米*
**投资金额_**
*20万元*

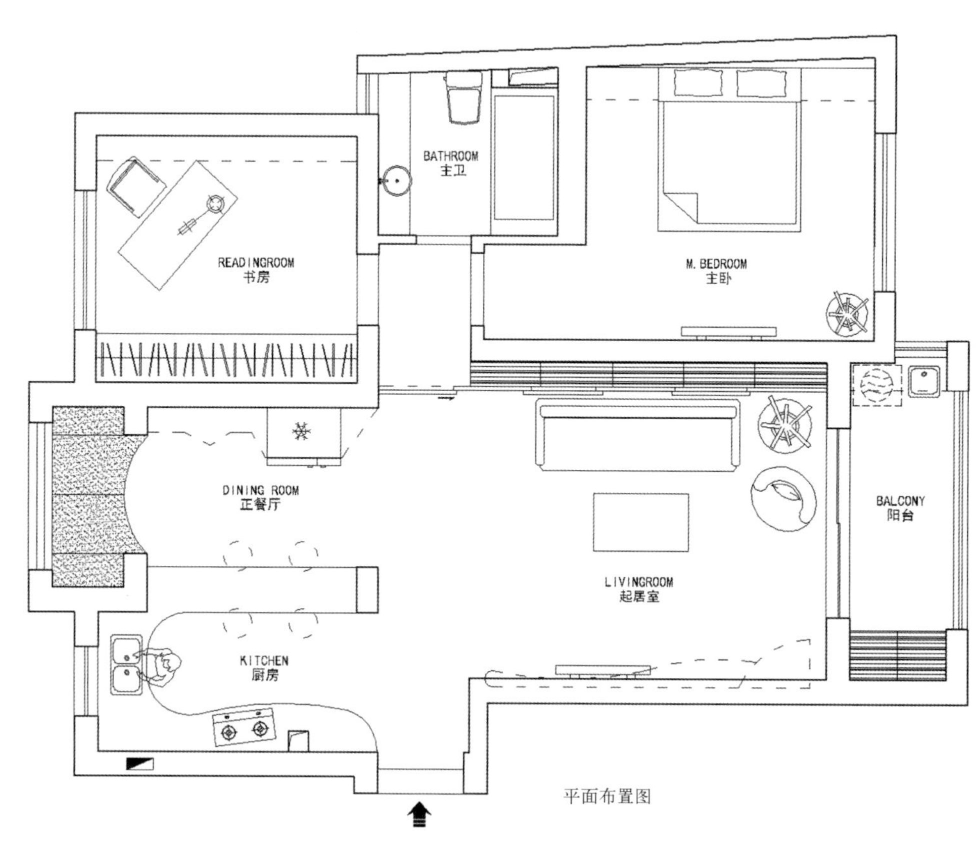
BATHROOM
主卫
READINGROOM
书房
M. BEDROOM
主卧
DINING ROOM
正餐厅
BALCONY
阳台
LIVINGROOM
起居室
KITCHEN
厨房

平面布置图

**主案设计：**
毛犇 Mao Hao
**博客：**
http:// 176723.china-designer.com
**公司：**
广东省澜庭设计工作室
**职位：**
创建人


**奖项：**
高级室内建筑师
**项目：**
大连城市公元售楼处
大连软件园创意孵化园五层
梅州宝嘉丽湾销售中心
梅州城市风尚KTV
梅州菩提瑜伽馆

# 雀韵国风

# Queyun Guofeng

**Project Name_**
*Queyun Guofeng*
**Chief Designer_**
*Mao Hao*
**Location_**
*Meizhou Guangdong*
**Project Area_**
*148sqm*
**Cost_**
*270,000RMB*

**项目名称_**
*雀韵国风*
**主案设计_**
*毛犇*
**项目地点_**
*广东 梅州*
**项目面积_**
*148平方米*
**投资金额_**
*27万元*

## A 项目定位 Design Proposition

业主喜欢中国韵味，不喜欢传统中式文化的沉闷感，所以通过设计要解决这个生活价值取向问题。

## B 环境风格 Creativity & Aesthetics

现代中式，很多现代中式把硬朗的表现方式带了进去，在这个作品中我要的现代中式需要有清、雅、秀，有花鸟、有元素符号但是不能杂乱。所以在这个作品中元素丰富但协调性非常好。

## C 空间布局 Space Planning

空间布局上并没有做大的更改，而是在入户花园与客厅之间做了一个更好地衔接，同时改变传统入户花园的花园方式。使得入口部分能够跟外面融合接纳。

## D 设计选材 Materials & Cost Effectiveness

选用基础装修的材料比较多，唯一特殊的是手绘绡，创新点是普通材料的从新组合方式和搭配。

## E 使用效果 Fidelity to Client

非常满意，原本以为这么多元素会很凌乱的感觉，实际在家住的时候又觉得不会，很棒的设计！

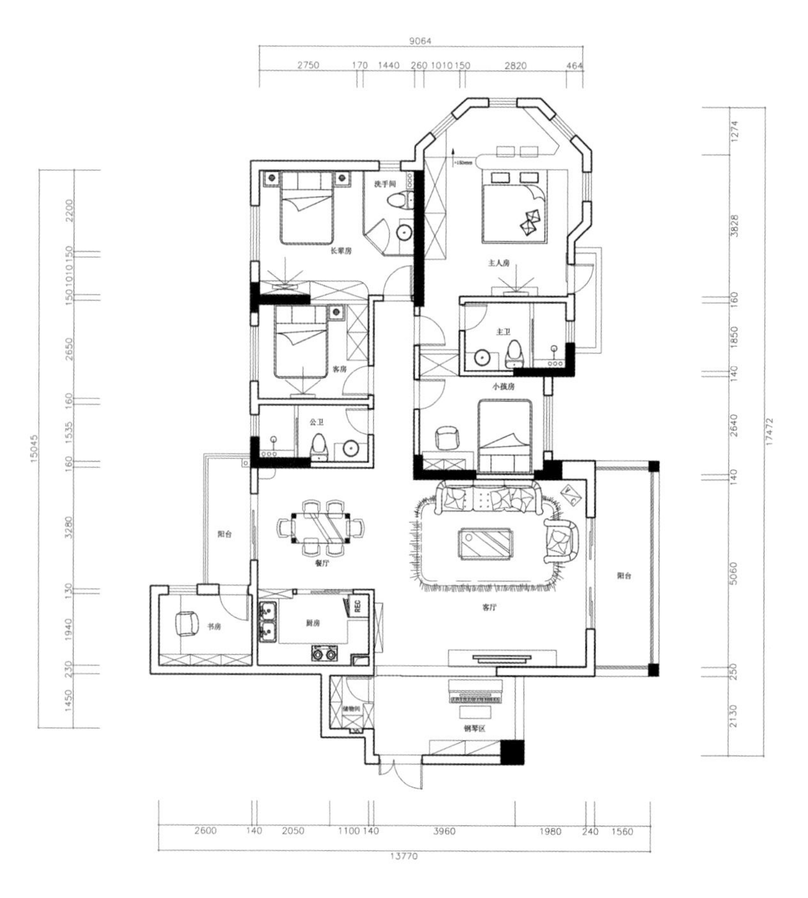

平面布置图

**主案设计：**
吕海宁 Lv Haining
**博客：**
http:// 782938.china-designer.com
**公司：**
可艺室内设计工作室
**职位：**
设计总监

**项目：**
世博生态城
世纪城
滇池卫城
新亚洲体育城
荷塘月色
云南映象
中产风尚
滇池领袖
滇池高尔夫
顺城
金岸春天
阳光高尔夫
东岸紫园

# 简约·清
# Simple and Clear

## A 项目定位 Design Proposition
造价是本套方案的瓶颈，如何突破造价上的束缚达到理想中的效果是本案的重中之重，客户喜欢简单但又不失品位的感觉，并又要附有生活的活力使之有积极向上的气息，本案的设计在颜色上及家具的品质上满足了客户品位的需求，在抛光砖的应用上满足了积极向上的要求。

## B 环境风格 Creativity & Aesthetics
注重色彩、比例及细节的合理性，强调整体和谐。

## C 空间布局 Space Planning
强调大面上的效果，注重灯具的搭配。

## D 设计选材 Materials & Cost Effectiveness
用最普通的材料来进行设计上的革新。

## E 使用效果 Fidelity to Client
有家的归属感、随意、温馨、耐看并且客户的品味有了较大的提升，不追求流行但不会被流行所淘汰。

**Project Name_**
*Simple and Clear*
**Chief Designer_**
*Lv Haining*
**Location_**
*Kunming Yunnan*
**Project Area_**
*240sqm*
**Cost_**
*250,000RMB*

**项目名称_**
*简约·清*
**主案设计_**
*吕海宁*
**项目地点_**
*云南 昆明*
**项目面积_**
*240平方米*
**投资金额_**
*25万元*

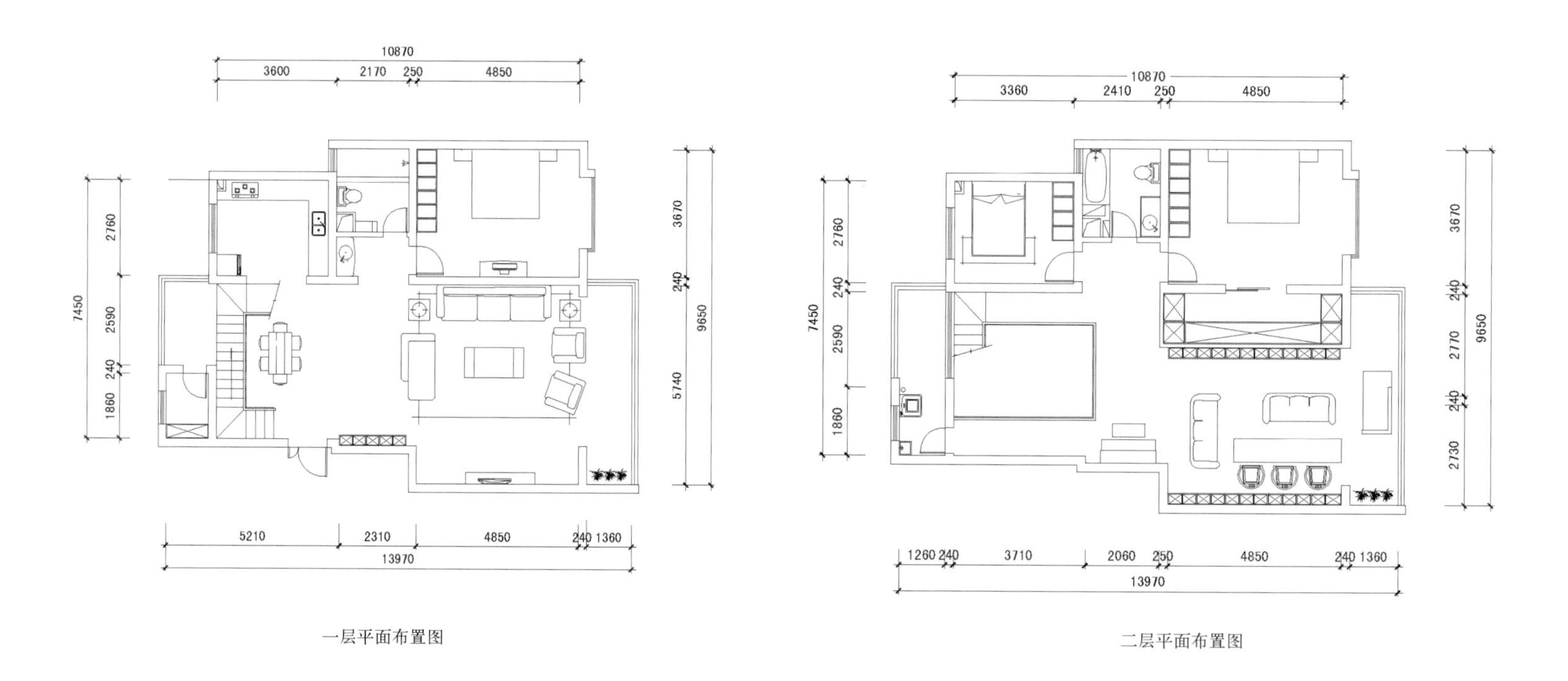


一层平面布置图

二层平面布置图

**主案设计：**
吕海宁 Lv Haining
**博客：**
http:// 782938.china-designer.com
**公司：**
可艺室内设计工作室
**职位：**
设计总监

**项目：**
世博生态城
世纪城
滇池卫城
新亚洲体育城
荷塘月色
云南映象
中产风尚
滇池领袖
滇池高尔夫
顺城
金岸春天
阳光高尔夫
东岸紫园

# 简约·和谐

# Simple Harmony

**A 项目定位** Design Proposition
用简单的手法来制造一种震撼的效果，强调品味及家的感觉。

**B 环境风格** Creativity & Aesthetics
注重色彩、比例及细节的合理性，强调整体和谐。

**C 空间布局** Space Planning
尽可能的开阔，不加一些累赘的装饰使之在气势上能够得到一种震撼的效果。

**D 设计选材** Materials & Cost Effectiveness
实木复合的大面积使用来营造一种震撼，800mm × 800mm地砖一切二的铺贴模式也能造就一种不一样的感觉。

**E 使用效果** Fidelity to Client
有家的归属感、随意、温馨、耐看并且客户的品味有了较大地提升，不追求流行但不会被流行所淘汰。

**Project Name_**
*Simple Harmony*
**Chief Designer_**
*Lv Haining*
**Location_**
*Kunming Yunnan*
**Project Area_**
*220sqm*
**Cost_**
*600,000RMB*

**项目名称_**
*简约·和谐*
**主案设计_**
*吕海宁*
**项目地点_**
*云南 昆明*
**项目面积_**
*220平方米*
**投资金额_**
*60万元*

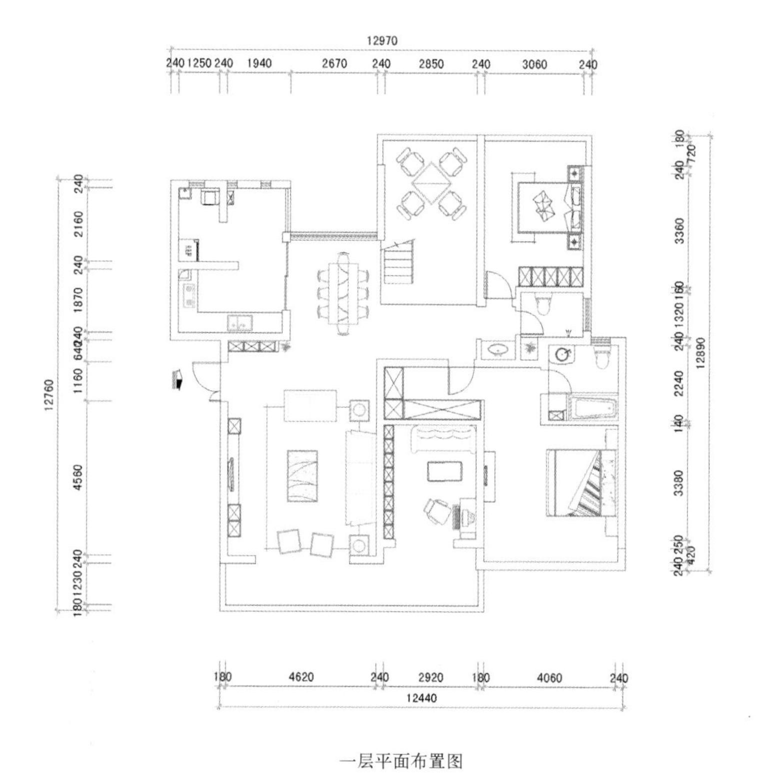


一层平面布置图

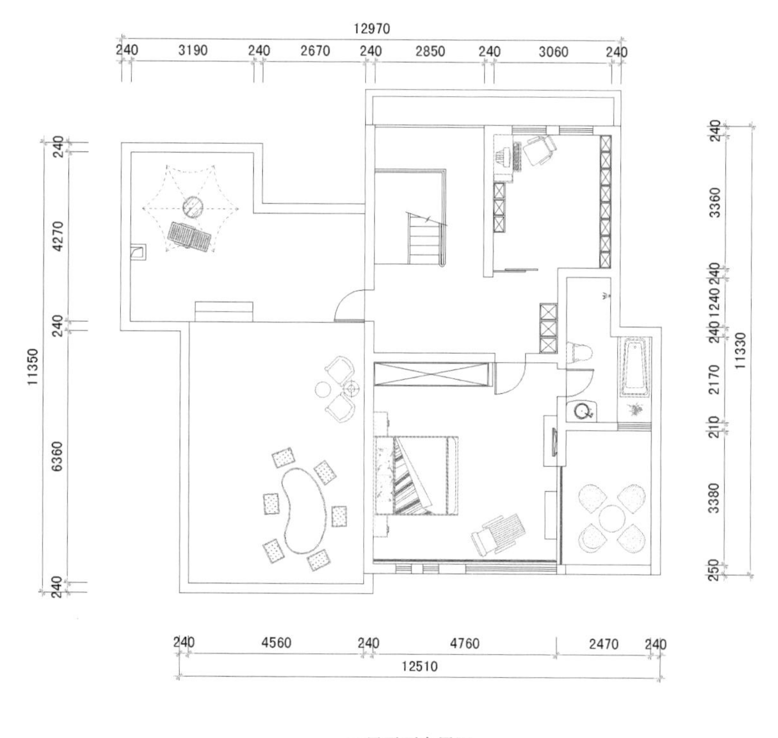


二层平面布置图

HOME ARTS
HOME ARTS

**主案设计：**
许幸男 Xu Xingnan
**博客：**
http://784731.china-designer.com
**公司：**
北京长城华耀装饰设计有限公司
**职位：**
董事设计师

**项目：**
正大建设、韦福建设、育东建设、仰哲建设佳原建设建筑、陶渊明建设、科美建设、全景建设、罗丹建设、千景建设等数家房地产单位开发的几十部建筑会所设计
泰勒瓦Spa养生庄园设计、华德山庄、度假庄园设计•建筑•会所设计、提香苑建筑会所设计、仰哲会所设计、泛国建设农庄会所设计
石家庄上京别墅售楼处设计、石家庄上京别墅样板房设计、石家庄璟和公馆整体精装设计、连云港西墅海岸样板房设计、连云港西墅海岸售楼处设计、北京外联出国联合总公司

# 竹北-国民
# Zhubei - Common

## A 项目定位 Design Proposition
业主是一位很著名的牙科医生。在台湾，医生是有着比较高的社会地位与较高收入的一个群体，因此业主为他的太太跟女儿在自有的宅地上建了这栋大房子，有新鲜的空气，有阳光和水。

## B 环境风格 Creativity & Aesthetics
以纯洁和简朴，表达出空灵之美，给人以遐想。

## C 空间布局 Space Planning
居住的空间不要追求物质上的富贵与艳丽，废弃的材料也能抒发出业主对人生认知的感悟，对自然美的独到体验，关键是交流。

## D 设计选材 Materials & Cost Effectiveness
业主喜爱的天然材料的安定与温和感，设计师在此强调了木质温馨而极具张力的表达方式。

## E 使用效果 Fidelity to Client
业主非常满意本项目的设计。

**Project Name_**
*Zhubei - Common*
**Chief Designer_**
*Xu Xingnan*
**Location_**
*Xinzhu Taiwan*
**Project Area_**
*460sqm*
**Cost_**
*3,000,000RMB*

**项目名称_**
*竹北-国民*
**主案设计_**
*许幸男*
**项目地点_**
*台湾 新竹*
**项目面积_**
*460平方米*
**投资金额_**
*300万元*

**主案设计：**
陶胜 Tao Sheng
**博客：**
http://793878.china-designer.com
**公司：**
登胜空间设计
**职位：**
创意总监

**奖项：**
2010年南京室内设计大奖赛住宅工程类二等奖
2010年南京室内设计大奖赛别墅工程类二等奖
2010年南京室内设计大奖赛办公工程类三等奖
2010年江苏省智能空间室内设计大奖赛一等奖
2010年中国室内设计大奖赛住宅工程类优秀奖
2010年“欧普•光•空间”全国办公照明设计大赛Top10年度人物奖
2010年上海“金外滩”设计大赛入围奖
2009年中国室内设计大赛办公工程类二等奖

**项目：**
圣淘沙花城
市政天元城
揽翠园
龙凤花园
素家

# 千秋公寓
# Chiaki Apartment

## A 项目定位 Design Proposition
本案为一套99平方米的小户型。三室二厅一厨一卫，功能布局几乎不需要任何多余的改动。

## B 环境风格 Creativity & Aesthetics
设计师将重点置于墙面。

## C 空间布局 Space Planning
同时，整个空间避免一切复杂多余的造型，简化、简化再简化。

## D 设计选材 Materials & Cost Effectiveness
大胆运用木色材质来丰富人的视觉，并达到平衡色温的作用。

## E 使用效果 Fidelity to Client
如此便营造出一个简约、实用并极具观赏价值的家。

**Project Name_**
*Chiaki Apartment*
**Chief Designer_**
*Tao Sheng*
**Participate Designer_**
*Xu Qinghua , Shan Tingting , Xue Yansheng*
**Location_**
*Nanjing Jiangsu*
**Project Area_**
*99sqm*
**Cost_**
*100,000RMB*

**项目名称_**
*千秋公寓*
**主案设计_**
*陶胜*
**参与设计师_**
*徐青华、单婷婷、薛燕胜*
**项目地点_**
*江苏 南京*
**项目面积_**
*99平方米*
**投资金额_**
*10万元*

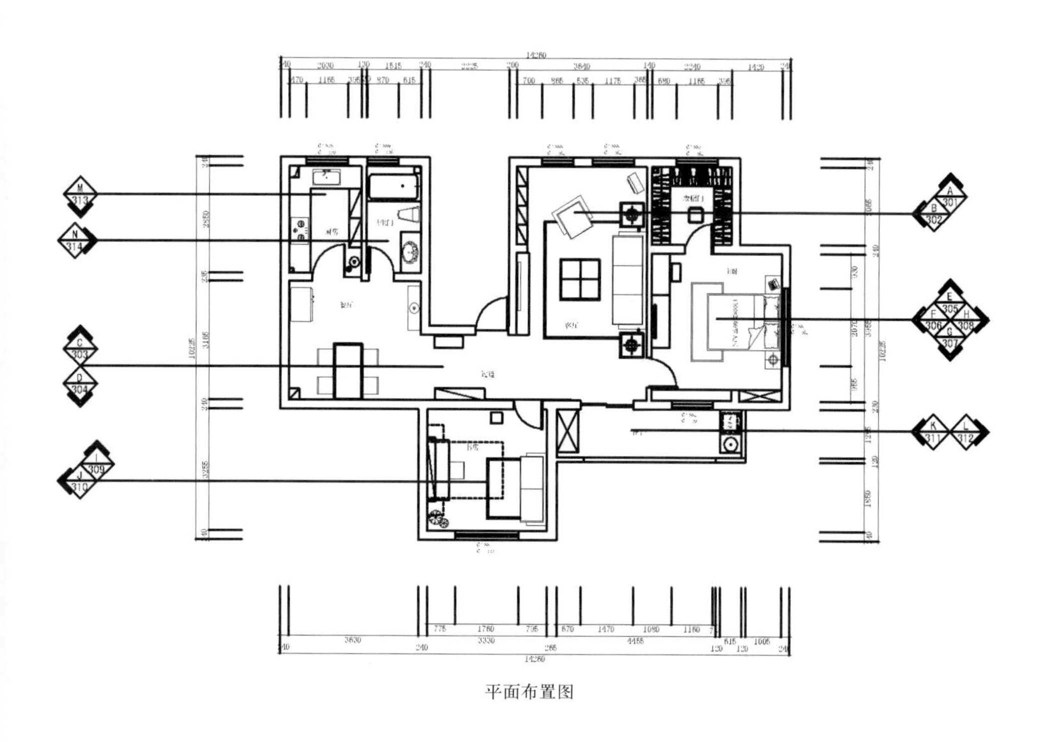
平面布置图

**主案设计：**
徐经华 Xu Jinghua
**博客：**
http:// 796598.china-designer.com
**公司：**
长沙艺筑装饰设计工程有限公司
**职位：**
创意总监

**奖项：**

2010年荣获“新中源杯”亚洲室内设计大赛银奖

“尚高杯”中国室内设计大赛方案类佳作奖

湖南省第十届室内设计大赛(实例类)银奖•（手绘类）金奖

2009年荣获“尚高杯”中国室内设计大赛佳作奖

荣获“2008-2009年度长沙建筑装修行业杰出优秀设计师”称号

**项目：**

2009年《中国室内设计大赛获奖作品集》

2009年作品入编《家居主张》杂志

2008年《中国室内设计大赛获奖作品集》

2008年作品发表《东方风情——样板房》

2007年《中国室内设计大赛获奖作品集》

# 画家公寓
# Painter Apartment Building

## A 项目定位 Design Proposition

这是一个设计师的空间。当拿到这房子的平面时，我就在思考着：在这普通两居室里，我将以怎样的方式去表达设计师独有的精神世界呢。

## B 环境风格 Creativity & Aesthetics

无意中从清代郑板桥先生的“竹子”里发现，线描的简洁恰巧足够表达画中无穷的内涵。“家”的意义是无穷的，也正是需要这样的方式来诠释了。

## C 空间布局 Space Planning

在平面设计方案上做了不少改动：门厅增加了储物间，开放式的洗漱间恰巧又作为了隔断，卫生间变宽了，卧室之间做了隔墙柜充分利用空间。

## D 设计选材 Materials & Cost Effectiveness

深蓝色修色漆的运用，让空间多了几分休闲个性，有一股牛仔的味道。咋一看，这漆好象是房东和爱人一起漫漫涂上的，很有生活的韵味。最特别的是客厅墙面运用手绘竹叶来装饰，竹叶又围绕着那七根干竹子茁壮生长……清晨阳光洒落进来，仿佛听见一阵阵微风吹拂叶子的沙沙声。

## E 使用效果 Fidelity to Client

作品做完了，前面担心的问题也有了答案，客厅墙面运用手绘竹叶来装饰，深蓝色修色漆的运用，让空间多了几分休闲个性。

**Project Name_**
*Painter Apartment Building*
**Chief Designer_**
*Xu Jinghua*
**Participate Designer_**
*Lei Hongfei , Wang Hai , Tan Xu*
**Location_**
*Changsha Hunan*
**Project Area_**
*88sqm*
**Cost_**
*100,000RMB*

**项目名称_**
*画家公寓*
**主案设计_**
*徐经华*
**参与设计师_**
*雷鸿飞、王海、谭绪*
**项目地点_**
*湖南 长沙*
**项目面积_**
*88平方米*
**投资金额_**
*10万元*

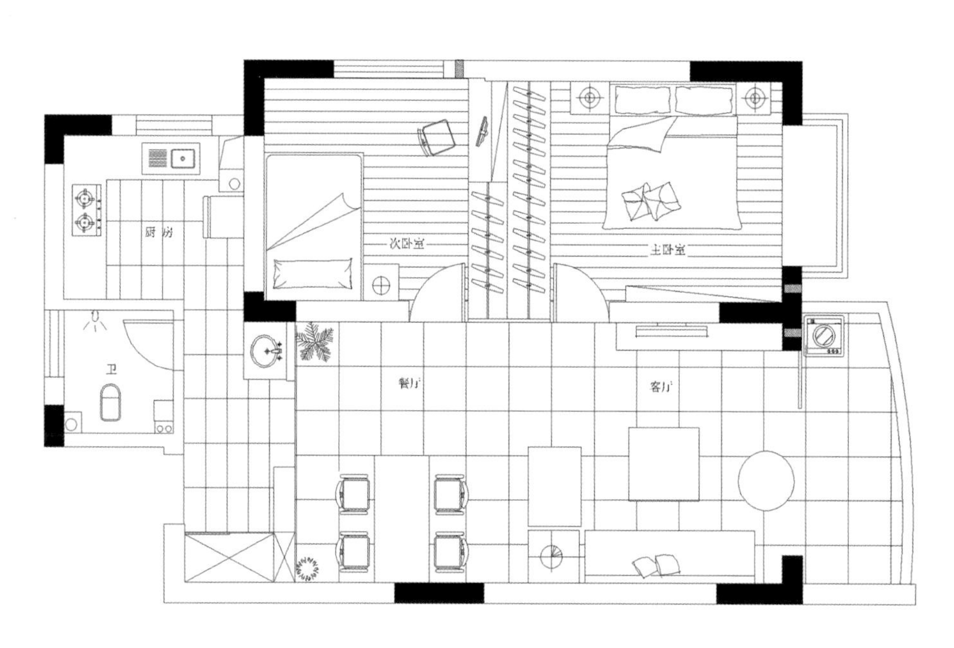


平面布置图

**主案设计：**
郑军 Zheng Jun
**博客：**
http://235622.china-designer.com
**公司：**
郑军设计事务所
**职位：**
设计总监

**职称：**
高级室内设计师
**项目：**
富临-晶篮湖样板间
麓山国际别墅
蔚蓝卡地亚联排别墅
雅居乐联排别墅
维也纳森林别墅
浣花中心别墅
金马盛世康城别墅
河滨印象别墅
高山流水别墅

# 温暖的石头
# Warm stone

## A 项目定位 Design Proposition
只要把大理石应用得当，一样可以为家居空间提供温馨舒适的生活氛围。

## B 环境风格 Creativity & Aesthetics
本案中设计师就将大理石的修饰性和功能性做了充分地发挥。

## C 空间布局 Space Planning
在客厅等主要活动空间都选择用浅色木纹效果的大理石进行铺陈，天花板上配以同样原色木纹的地板，墙壁上镶嵌北美自然风情的原木酒柜，大理石和木材的相遇让整个空间首尾相连浑然一体。简单大气的空间线条将现代风格演绎的淋漓尽致，同样配以同色系的沙发桌椅以及原始范儿的皮毛拼花地毯，客厅空间自然朴拙舒适的生活氛围油然而生。

## D 设计选材 Materials & Cost Effectiveness
大理石，在室内空间装饰设计中，一直给人简洁工整甚至冰冷的材料质感，它们那光滑的表面平直的线条坚硬的性格，被广泛应用在家居空间的各个角落来提升整体时尚感。

## E 使用效果 Fidelity to Client
这样的设计让享受生活和经营生活都变得那么简单而快乐，美好家居设计的终极目标其实也正在于此吧。

**Project Name_**
*Warm stone*
**Chief Designer_**
*Zheng Jun*
**Location_**
*Chengdu Sichuan*
**Project Area_**
*350sqm*
**Cost_**
*2,000,000RMB*

**项目名称_**
*温暖的石头*
**主案设计_**
*郑军*
**项目地点_**
*四川 成都*
**项目面积_**
*350平方米*
**投资金额_**
*200万元*

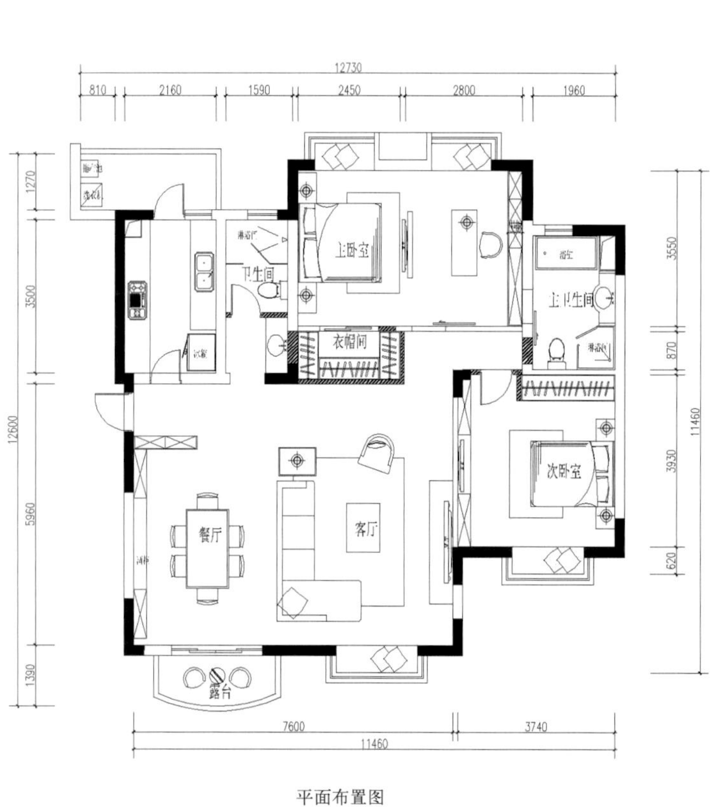
12730
810
2160
1590
2450
2800
1960
1270
3500
12600
5960
1390
3550
870
3930
620
11460
上卧室
卫生间
主卫生间
衣帽间
次卧室
餐厅
客厅
露台
7600
3740
11460

平面布置图

**主案设计：**
王涛 Wang Tao
**博客：**
http:// 797282.china-designer.com
**公司：**
上海阁韵空间装饰
**职位：**
设计总监
**职称：**
国家注册高级室内设计师


**项目：**
翠湖天地
世贸滨江花园
天山华庭
海上名门
铂金华府
祥腾精英公馆
丽晶公寓
美兰湖领域
慧之湖花园
四季绿城
保利西子湾
万科城市花园创智坊
旭辉依云湾别墅
宝岛丽苑别墅
21世纪绿地别墅

# 大都会二人世界
# Just You and Me in Metropolitan

## A 项目定位 Design Proposition

业主是一对新婚的80后小夫妻，他们喜欢旅行，每一次旅程都让他们留下美好的回忆。于是为他们设计了这套律动感十足的婚房，西班牙的热情、法国的浪漫、意大利的时尚……融汇其中。

## B 环境风格 Creativity & Aesthetics

大部分人都希望自己的居住空间，是生动而富有层次感的。整体和谐统一，每个功能间又能独立而富于变化，如同一曲悠扬的乐章，抑扬顿挫，律动感十足。

## C 空间布局 Space Planning

客厅比较大，所以给他们隔出一块作为书房区域，同时也增加了储物空间。北阳台原来由厨房进入，开门的位置导致厨房的操作台面减少。把北阳台的门朝次卫这边开启之后，北阳台变成了一个洗衣房，较原来更为合理。女主人既想保留主卫，又想要有衣帽间，所以设计师稍微改动了布局，满足了既有主卫又有衣帽间的梦想。整个房子东面的墙体全部是斜的，为了增加舒适度，在不大面积减少使用空间的前提下，把墙面全部截平。

## D 设计选材 Materials & Cost Effectiveness

客厅不设主灯，利用节能灯带营造时尚的气氛；电视背景墙利用部分皮纹砖营造奢华品质，利于日后生活打理，耐擦洗。

## E 使用效果 Fidelity to Client

时尚又实用，空间充分利用。

**Project Name_**
*Just You and Me in Metropolitan*
**Chief Designer_**
*Wang Tao*
**Location_**
*Baoshan District Shanghai*
**Project Area_**
*110sqm*
**Cost_**
*250,000RMB*

**项目名称_**
*大都会二人世界*
**主案设计_**
*王涛*
**项目地点_**
*上海 宝山*
**项目面积_**
*110平方米*
**投资金额_**
*25万元*

平面布置图

**主案设计：**
吴钒 Wu Fan
**博客：**
http:// 797634.china-designer.com
**公司：**
重庆首佳装饰工程有限公司
**职位：**
设计总监

**职称：**
中级室内建筑师
**项目：**
美茵河谷（别墅）
国宾上院（公寓）
盛世桃源（样板间）
左岸陈桥（样板间、销售中心）
荣城御景（销售中心）
蓝谷小镇（销售中心）
海兰云天（别墅）
水天花园（别墅）

# 重庆保利国宾上院

# Chongqing Poly Plaza Residence

## A 项目定位 Design Proposition

业主是思想前卫的年轻人，对设计师的限制很少，只是一些宽泛而有一定难度的要求：不落俗套，现代风格，如能融合一些传统元素进去更好。室内整体风格为现代风格，色调采用业主喜欢的黑白灰色调，同时掺入一些东方元素，使时尚中体现传统韵味。

## B 环境风格 Creativity & Aesthetics

我们想营造一种具有传统元素点缀的时尚现代的环境风格。大环境以黑白灰色调为主，在部分家具和软装上考虑传统元素。但传统元素也不是简单地复制，而是经过变化和提炼，使其与大环境的现代时尚风格更和谐地共处一室。

## C 空间布局 Space Planning

空间秉承温馨和谐的宗旨，布局合理，做到内室空间的尽善尽美。

## D 设计选材 Materials & Cost Effectiveness

为了使大环境的黑白灰不至于太过冰冷，同时体现一种很低调的奢华，客厅和主卧室我们都选用了一种具有丝光的地砖，并且有很不明显的暗花，让地面在黑白灰里也透出一种温馨华贵的感觉。

## E 使用效果 Fidelity to Client

得到业主非常高的评价。同时在该小区成为参观的对像。

**Project Name_**
*Chongqing Poly Plaza Residence*
**Chief Designer_**
*Wu Fan*
**Participate Designer_**
*Liang Ruixue , Xiao Guorong*
**Location_**
*Yuzhong District Chongqing*
**Project Area_**
*193sqm*
**Cost_**
*400,000RMB*

**项目名称_**
*重庆保利国宾上院*
**主案设计_**
*吴钒*
**参与设计师_**
*梁瑞雪、肖国容*
**项目地点_**
*重庆 渝中区*
**项目面积_**
*193平方米*
**投资金额_**
*40万元*

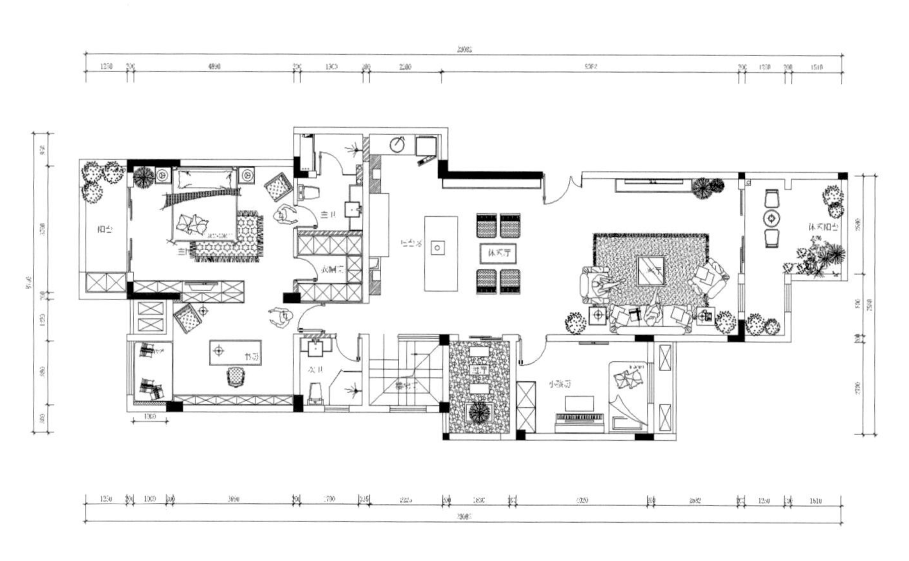

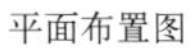
平面布置图

**主案设计：**
程晔 Cheng Ye
**博客：**
http://514.china-designer.com
**公司：**
四川师之大建筑装饰工程有限公司
**职位：**
设计总监

**职称：**
中国室内装饰协会会员 CD20800577
中国注册室内设计师
成都市建筑装饰协会室内设计分会会员
成都市精英室内设计师联盟会员
**项目：**
上海市滨江花园别墅
成都市金林半岛别墅
成都市韩包子羊西店
成都市簧门公馆台球城
青城山青城皓庭别墅
成都市香瑞湖别墅
青城山青城阳光会所
成都市龙湖丽景售楼中心
成都市原乡别墅
成都市银河王朝酒店Face99俱乐部
成都市神仙树大院
万科金域蓝湾
中华锦绣
浅水半岛
中海翠屏湾

# 成都望江橡树林私宅
# Chengdu Riverside Oak House

**A 项目定位** Design Proposition
想要开放式的厨房，却惧怕中式烹饪带来的油烟环境，因此考虑开放式的西厨和封闭式中厨并存。

**B 环境风格** Creativity & Aesthetics
楼层三十多层，光线较好，加之业主喜欢阳光地中海的感觉，所以一拍即合，成就了这套地道的地中海乡村风格住宅。

**C 空间布局** Space Planning
打破原不规整的布局，使客餐厅、阳台及主卧等变得方正得体。

**D 设计选材** Materials & Cost Effectiveness
大多选用原木、瓷砖等天然材料，体现乡村味道。

**E 使用效果** Fidelity to Client
业主一家老小均觉得每天回家都有一种在异域出游的新鲜感。

**Project Name_**
*Chengdu Riverside Oak House*
**Chief Designer_**
*Cheng Ye*
**Location_**
*Chengdu Sichuan*
**Project Area_**
*130sqm*
**Cost_**
*200,000RMB*

**项目名称_**
*成都望江橡树林私宅*
**主案设计_**
*程晔*
**项目地点_**
*四川 成都*
**项目面积_**
*130平方米*
**投资金额_**
*20万元*

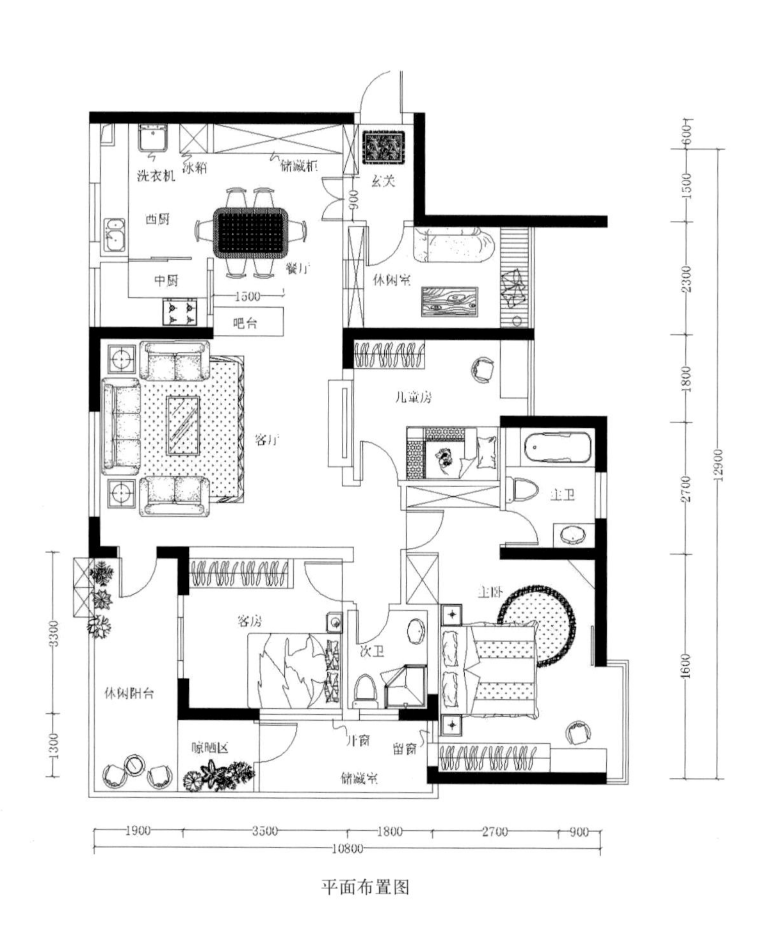


平面布置图

**主案设计：**
由伟壮 You Weizhuang
**博客：**
http://257999.china-designer.com
**公司：**
常熟由伟壮设计事务所
**职位：**
设计总监

**职称：**
高级室内建筑师
**项目：**
江苏常熟市滨海实业办公楼
江苏省太仓华侨花园
江苏省常熟市八号时尚广场
江苏省常熟市八号商务会所
江苏省常熟市雅兰美地别墅

# 常熟明日星城
# Changshu Tomorrow Star City

**A 项目定位** Design Proposition
业主都是都市中的白领，对生活细节有着很高的要求。

**B 环境风格** Creativity & Aesthetics
采用现代风格，利用白色的简洁，黑镜的时尚。

**C 空间布局** Space Planning
丰富的灯光设计使空间优雅而清新，给人极致的生活享受。

**D 设计选材** Materials & Cost Effectiveness
客厅区域的黑镜丰富了空间的层次感，走道墙上挂上与之呼应的黑白框画，为空间增加了几分灵秀的气息。

**E 使用效果** Fidelity to Client
业主寄予的评价设计师的精心设计，将生活环境的品质又提升了一个层次。

**Project Name_**
*Changshu Tomorrow Star City*
**Chief Designer_**
*You Weizhuang*
**Location_**
*Changshu Jiangsu*
**Project Area_**
*135sqm*
**Cost_**
*400,000RM*

**项目名称_**
*常熟明日星城*
**主案设计_**
*由伟壮*
**项目地点_**
*江苏 常熟*
**项目面积_**
*135平方米*
**投资金额_**
*40万元*

**主案设计：**
陈严 Chen Yan
**博客：**
http:// 803058.china-designer.com
**公司：**
福建省福州市大木和石空间规划工作室
**职位：**
室内设计师

# 背后的故事
# The Story Behind

## A 项目定位 Design Proposition
运用材质的搭配和虚实结构的拿捏，创造出空间精致度与质感，展现屋主独特的生活品味。

## B 环境风格 Creativity & Aesthetics
现代的居家空间是自然、干净的，不需有太多装饰，整体设计手法极为简洁，“以纯为美”的用材理念与简约的奢华风格浑然天成。

## C 空间布局 Space Planning
结构简单的布置便于划分功能区，简洁实用。

## D 设计选材 Materials & Cost Effectiveness
整个客厅以米黄色大理石和深咖啡色木头搭配，体现出现代、休闲、自然的精神内涵。沙发背景利用浅色软包材质把一些简单的几何体，连接为一个独特的大几何体，再配合深色沙发。餐厅处独具特色的装饰酒柜，与全高灰镜相互辉映。随着日与夜不同的光线，为屋子带来不一样的感觉和气氛。

## E 使用效果 Fidelity to Client
设计美观实用，非常满意。

**Project Name_**
*The Story Behind*
**Chief Designer_**
*Chen Yan*
**Location_**
*Fuzhou Fujian*
**Project Area_**
*150sqm*
**Cost_**
*400,000RMB*

**项目名称_**
*背后的故事*
**主案设计_**
*陈严*
**项目地点_**
*福建 福州*
**项目面积_**
*150平方米*
**投资金额_**
*40万元*

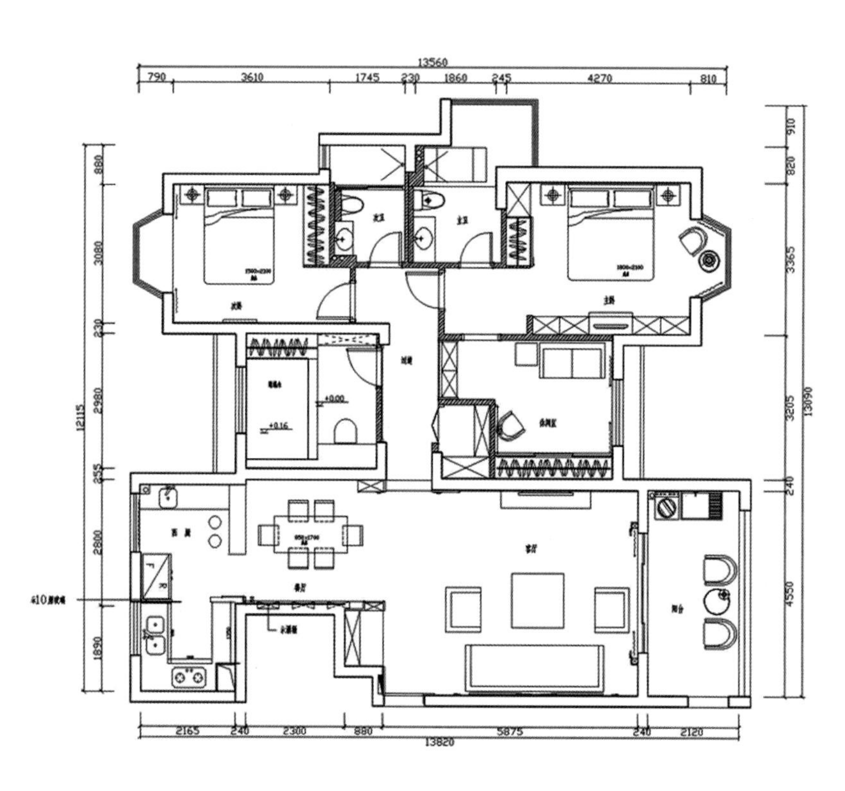


平面布置图

**主案设计：**
严建中 Yan Jianzhong
**博客：**
http:// 806210.china-designer.com
**公司：**
杭州中装美艺教育机构
**职位：**
总经理

**职称：**
第六届中国国际设计艺术博览会资深设计师
中国电力出版社装修丛书文案顾问
中国易经研究会的高级会员
**项目：**
绿城九溪玫瑰园会所
绍兴爵士岛西餐厅
四眼井茶香丽舍民宿
承德皇家金龙售楼处
台州豪华私人会所
宁波丽晶娱乐会所
千岛玉叶形象展厅
玉皇山防空洞改造酒窖项目
杭州大厦
银泰
杭州百大

# 恋上东南亚
# Fall in Love With Southeast Asia

## A 项目定位 Design Proposition

业主特别喜欢旅游，尤其是钟情东南亚的海岸线，每次去都会带回来很多当地的特色工艺品。业主希望这次的设计是清新的海岸风格，也希望尽量做到环保。

## B 环境风格 Creativity & Aesthetics

整体风格上运用最普通的东南亚风格元素来体现。但是在硬装上并没有采用最复杂的东南亚雕刻元素，而是通过软装和家居陈列来凸显风格，这样的好处是既满足了业主的需求又为今后的空间提升留下很多伏笔。

## C 空间布局 Space Planning

空间布局是这套方案中的重点，进门后的一楼卫生间拆除后改小成为一个软隔断洗衣房，增加了玄关的空间进深，让玄关不再压抑。原先的楼梯走向将一楼餐厅空间完全破坏，而二楼利用率也非常差；而楼梯改向后一楼的餐厅空间显得非常宽敞和独立，而二楼也独立形成单独的主卧、次卧和卫生间等空间。

## D 设计选材 Materials & Cost Effectiveness

选材上环保是整套方案的重点，基本材料全部采用杉木实木板制作，杜绝夹板对居室的空气污染；任何可以拿来用的废料和旧物都可以经过改造后产生意想不到的效果。

## E 使用效果 Fidelity to Client

业主对于最后呈现的效果非常满意，认为设计师是真正理解了她的原意，将她的梦想化为了现实场景。

**Project Name_**
*Fall in Love With Southeast Asia*
**Chief Designer_**
*Yan Jianzhong*
**Location_**
*Hangzhou Zhejiang*
**Project Area_**
*68sqm*
**Cost_**
*120,000RMB*

**项目名称_**
*恋上东南亚*
**主案设计_**
*严建中*
**项目地点_**
*浙江 杭州*
**项目面积_**
*68平方米*
**投资金额_**
*12万元*

**主案设计：**
黄宇 Huang Yu
**博客：**
http:// 811222.china-designer.com
**公司：**
上海鸿澜装饰设计工程有限公司
**职位：**
设计总监

**职称：**
国家注册中级室内设计师

# 常州香江华庭
# Changzhou Xiangjiang Terrace

## A 项目定位 Design Proposition
舒适。

## B 环境风格 Creativity & Aesthetics
简约。

## C 空间布局 Space Planning
本案主要的居住人口为2人，业主希望功能布局更合理，同时希望有一个独立的储藏空间，最大的改造是把两个房间合并为一个整体的套房格局，内有书房，衣帽间，卫生间，主卧室等各个功能布局。

## D 设计选材 Materials & Cost Effectiveness
环保。

## E 使用效果 Fidelity to Client
本案原有结构使得厨房的功能非常不合理，外卫及外部空间也造成了极大的浪费，通过合理改造，形成干湿分离卫生间，同时也有了洗衣机的完美收纳。

**Project Name_**
*Changzhou Xiangjiang Terrace*
**Chief Designer_**
*Huang Yu*
**Location_**
*Changzhou Jiangsu*
**Project Area_**
*120sqm*
**Cost_**
*55,000RMB*

**项目名称_**
*常州香江华庭*
**主案设计_**
*黄宇*
**项目地点_**
*江苏 常州*
**项目面积_**
*120平方米*
**投资金额_**
*5.5万元*

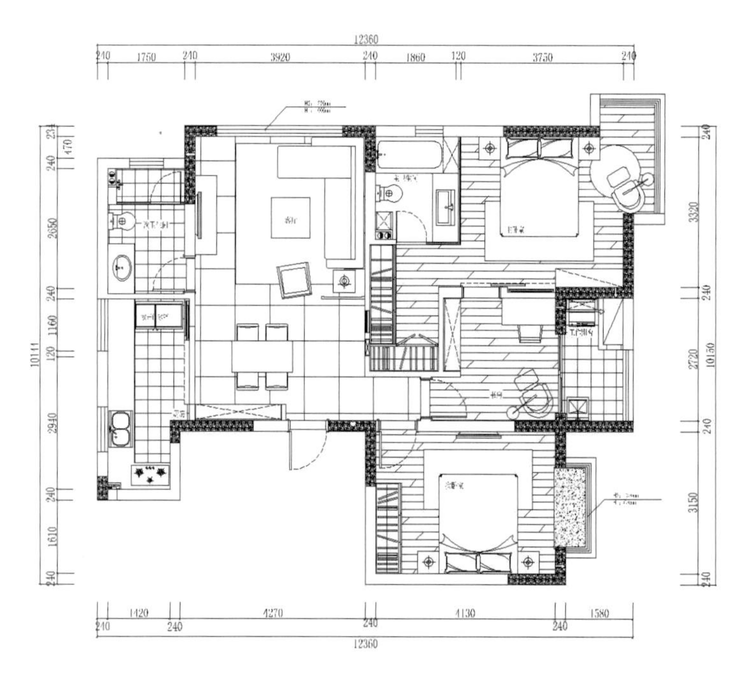

平面布置图

**主案设计：**
陈晓丹 Chen Xiaodan
**博客：**
http://813784.china-designer.com
**公司：**
佐泽装饰工程有限公司
**职位：**
设计部经理

**奖项：**
2009融侨观邸荣获“大天杯”福建省室内与环境设计大奖赛（住宅方案类）三等奖
2009秦禾红树林荣获"三荣杯"中国福州第四届室内设计大赛（家装工程类）三等奖

**项目：**
江南水都意境
美林湾
中庚城
摩卡生活馆
海润尊品
大儒世家
中天金海岸

# 福州海润尊品

# Fuzhou Hairun Romance

## A 项目定位 Design Proposition

居住生活的一点诗意，一点浪漫，一点绮想，由此开始溢散。

## B 环境风格 Creativity & Aesthetics

此案以现代简约为风格。

## C 空间布局 Space Planning

色调以暖色为基调，黑白灰在空间的交错，空间层次与格局的呼应，空间的开放与封闭，材料的变化等，成为设计操作的来源。

## D 设计选材 Materials & Cost Effectiveness

冷与暖，黑与白，轻与重，简与繁，纯净与华丽，自然与时尚，开放与封闭在这里相互交融，彼此辉映。

## E 使用效果 Fidelity to Client

业主居住舒适，放松。

**Project Name_**
*Fuzhou Hairun Romance*
**Chief Designer_**
*Chen Xiaodan*
**Location_**
*Fuzhou Fujian*
**Project Area_**
*115sqm*
**Cost_**
*250,000RMB*

**项目名称_**
*福州海润尊品*
**主案设计_**
*陈晓丹*
**项目地点_**
*福建 福州*
**项目面积_**
*115平方米*
**投资金额_**
*25万元*

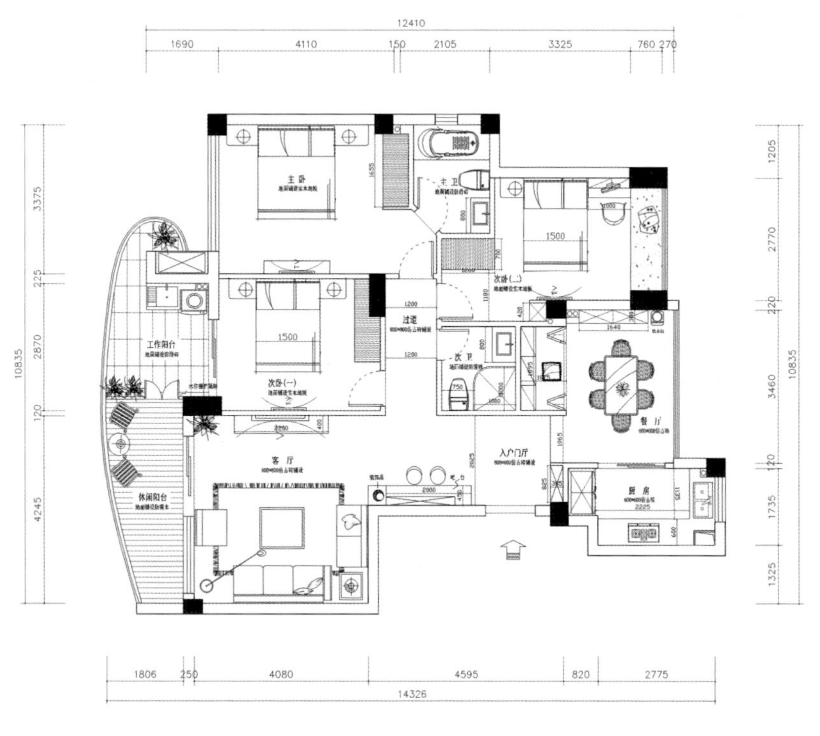


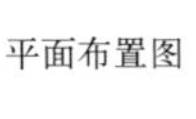
平面布置图

**主案设计：**
王者 Wang Zhe
**博客：**
http:// 158266.china-designer.com
**公司：**
上海魅斯设计师事务所
**职位：**
设计总监

**奖项：**
2010"CHINA-DESIGNER"金堂奖中国最佳住宅设计
2010中国新锐设计师代表，作品刊登"现代装饰，家居主张

# 宛如新生
# Like New Life

**A 项目定位** Design Proposition
一个现代极酷的卧室空间。

**B 环境风格** Creativity & Aesthetics
设计师运用线条，光影和建材肌理的关系，挥洒感性的空间理想。

**C 空间布局** Space Planning
通透的空间，视觉效果当然最出彩，但设计师恰到好处地以作旧棕红色块来加以平衡，轻重之间把握得体，既感性，也理性。

**D 设计选材** Materials & Cost Effectiveness
水泥板的吧台，暴露原始过梁，让建筑的结构显露，乳胶漆的墙面粗犷与细腻、光明与阴影，转折间空间富于表情，令人印象深刻。

**E 使用效果** Fidelity to Client
业主居住舒适。

**Project Name_**
*Like New Life*
**Chief Designer_**
*Wang Zhe*
**Participate Designer_**
*King , NIKO , KEVIN*
**Location_**
*Changning District Shanghai*
**Project Area_**
*150sqm*
**Cost_**
*500,000RMB*

**项目名称_**
*宛如新生*
**主案设计_**
*王者*
**参与设计师_**
*King、NIKO、KEVIN*
**项目地点_**
*上海 长宁*
**项目面积_**
*150平方米*
**投资金额_**
*50万元*

平面布置图

1377

**主案设计：**
余李坤 Yu Likun
**博客：**
http://818402.china-designer.com
**公司：**
武汉苏豪设计工作室
**职位：**
投资合伙人


**项目：**
巢上城样板间——《灰白之间》
巢上城样板间——《暖调风味》
天玺花园样板间——《简约时尚》
武东酒店设计

# 蓝调生活
# Living Blues

**A 项目定位** Design Proposition

不需复杂繁琐的家具以及装饰。年轻、温馨、舒适，相信您也有一些动心。

**B 环境风格** Creativity & Aesthetics

这是一代风格，地中海式色调的作品。业主是一对年轻的新婚夫妇，喜欢蓝色，崇尚海边的自由。

**C 空间布局** Space Planning

传统的复式结构，不传统的风格色彩，打造个性的品味生活。

**D 设计选材** Materials & Cost Effectiveness

业主不想太过于复杂的线条以及传统的拱门。所以在细节上面就用雕花做成拱门的门头来装饰。百叶、隔断、缩门，有效地区分公共区域。

**E 使用效果** Fidelity to Client

现代、快节奏、便捷的都市生活总让人有些压力。下了班，回到家，看着蓝色的语调，心情自然放松许多。躺在布艺的沙发上，小孩在旁练习钢琴，老婆早已准备好晚上的饭菜。这不是正是我们所向往的都市生活吗。

**Project Name_**
*Living Blues*
**Chief Designer_**
*Yu Likun*
**Participate Designer_**
*Pan Yangxin*
**Location_**
*Wuhan Hubei*
**Project Area_**
*152sqm*
**Cost_**
*280,000RMB*

**项目名称_**
*蓝调生活*
**主案设计_**
*余李坤*
**参与设计师_**
*潘杨鑫*
**项目地点_**
*湖北 武汉*
**项目面积_**
*152平方米*
**投资金额_**
*28万元*

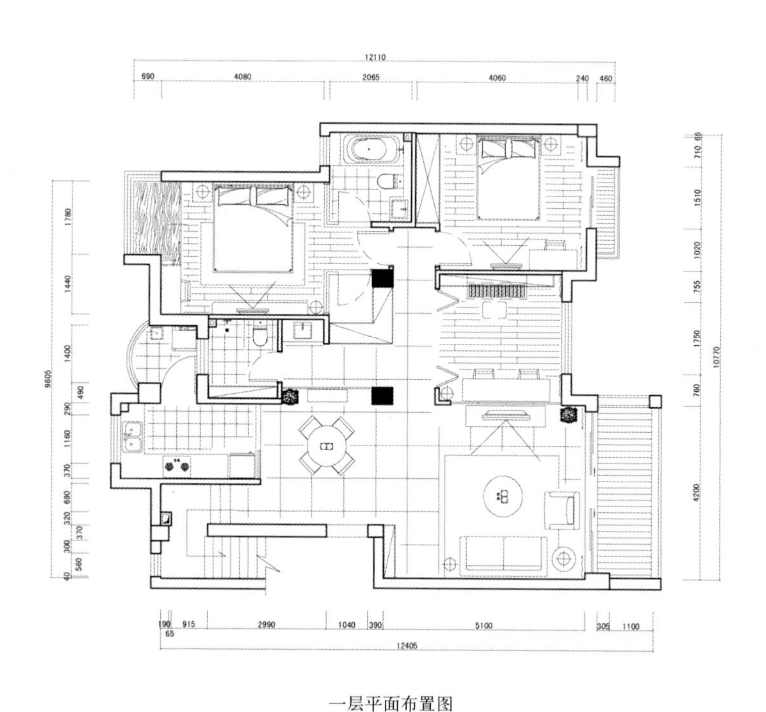

一层平面布置图

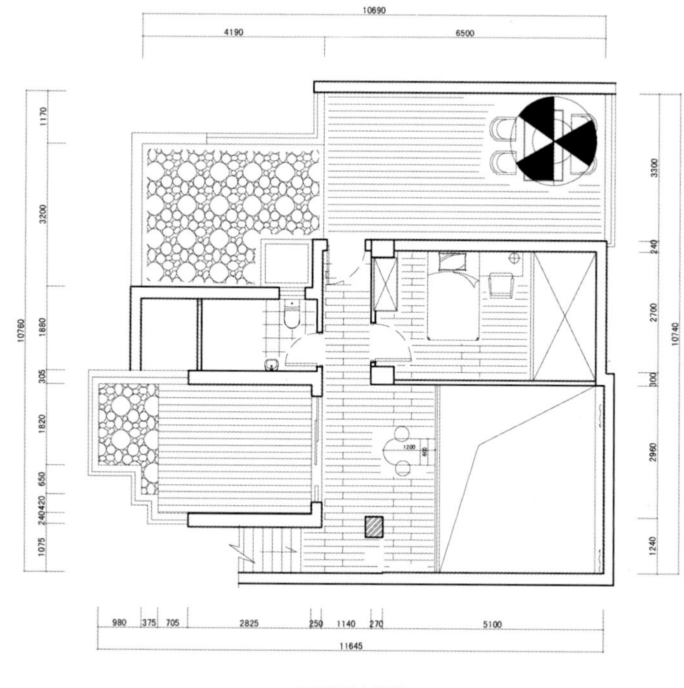

二层平面布置图

**主案设计：**
施旭东 Shi Xudong
**博客：**
http:// 424125.china-designer.com
**公司：**
旭日东升装饰设计工程有限公司
**职位：**
首席设计师

**奖项：**
连续两届荣获IFI国际及CIID室内设计比赛金奖
海峡两岸四地室内设计大赛住宅工程类一等奖
China-Desginer室内设计获“年度办公空间大奖”
IC@ward_金指环全球室内设计大赛三大奖项
第六届现代装饰国际传媒年度办公空间大奖
第八届（2010）现代装饰国际传媒奖 年度餐饮/酒吧空间大奖
在全球、亚太及中国各权威设计大赛中共获五十几项金银铜大奖 作品“海?印象”被中日韩三国室内设计学会共同联合的亚洲室内 设计联合会（AIDIA）收录（全国仅三幅）

# 福州融侨观邸

# Fuzhou Rongqiao Guandi

## A 项目定位 Design Proposition

位于闽江边上的高尚住宅。一片和谐雅致，写意与悠闲，宁方勿圆，留给人遐思的空间。

## B 环境风格 Creativity & Aesthetics

以现代手法缔造一片典雅简洁的氛围融合古今元素，演绎崭新的家。

## C 空间布局 Space Planning

整个空间设计充分把视线打开运用借景的手法把户外江景引入室内。色彩、造型均以简洁的减法设计，别具写意与悠闲，宁方勿圆，留给人遐思的空间。在灯光设计上抛开传统照明方式仅以灯带和点光原，而营造轻盈典雅的效果。

## D 设计选材 Materials & Cost Effectiveness

推开大门，古典艺术品，在灯光下静静地注视着傍晚美丽的江景，先为时尚空间注入暖暖的情意。暖色的自然 原木地板，精心挑选的大面积白色理石，天然的石材纹理如江水的涟漪，暗合主人的亲水情结。黑色的皮草和白色花艺，造型很当代的白色装置艺术，一片和谐雅致。白纱外的江景也能借景，作旧的烟草色古代航海地图，既点缀了空间，亦添增玩味。

## E 使用效果 Fidelity to Client

典雅简洁，业主居住舒适。

**Project Name_**
*Fuzhou Rongqiao Guandi*
**Chief Designer_**
*Shi Xudong*
**Location_**
*Fuzhou Fujian*
**Project Area_**
*130sqm*
**Cost_**
*520,000RM*

**项目名称_**
*福州融侨观邸*
**主案设计_**
*施旭东*
**项目地点_**
*福建 福州*
**项目面积_**
*130平方米*
**投资金额_**
*52万元*

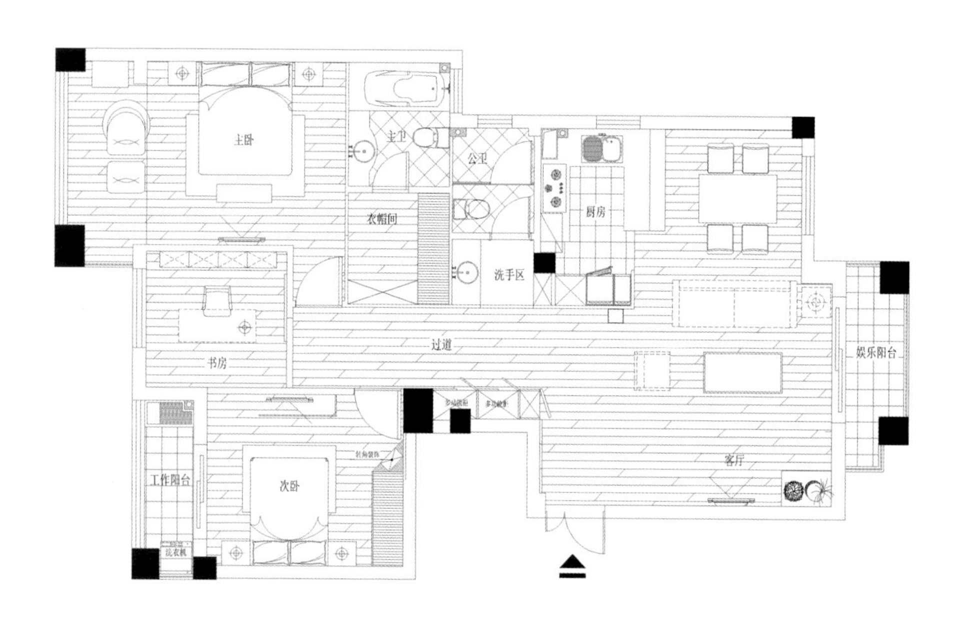

平面布置图

**主案设计：**
孙冲 Sun Chong
**博客：**
http://819627.china-designer.com
**公司：**
昆明中策艾尼得家居体验馆
**职位：**
主任设计师

**项目：**
滇池高尔夫
滇池卫城橡树庄园
阳光海岸
广基海悦
香槟小镇
博林广场商住
云南印象
俊园
世博生态城
清水木华
世纪城春城佳墅
新亚洲体育城
滇池卫城

# 雅

# Elegant

**A 项目定位** Design Proposition
满足居家实用性的同时，具有个性特色而又不张扬的温馨居住空间，雅致而清新。

**B 环境风格** Creativity & Aesthetics
结合建筑外观现代风格的设计，打造具有个性特色而又有文化气息的高品质生活空间。

**C 空间布局** Space Planning
把原客餐厅不合理的布局规划合理并让空间更加舒适和宽敞。

**D 设计选材** Materials & Cost Effectiveness
利用木质线条营造门厅氛围。

**E 使用效果** Fidelity to Client
在同类户型及风格设计上更符合现代年青人居住，具有高品质的生活空间。

**Project Name_**
*Elegant*
**Chief Designer_**
*Sun Chong*
**Location_**
*Kunming Yunnan*
**Project Area_**
*160sqm*
**Cost_**
*400,000RMB*

**项目名称_**
*雅*
**主案设计_**
*孙冲*
**项目地点_**
*云南 昆明*
**项目面积_**
*160平方米*
**投资金额_**
*40万元*

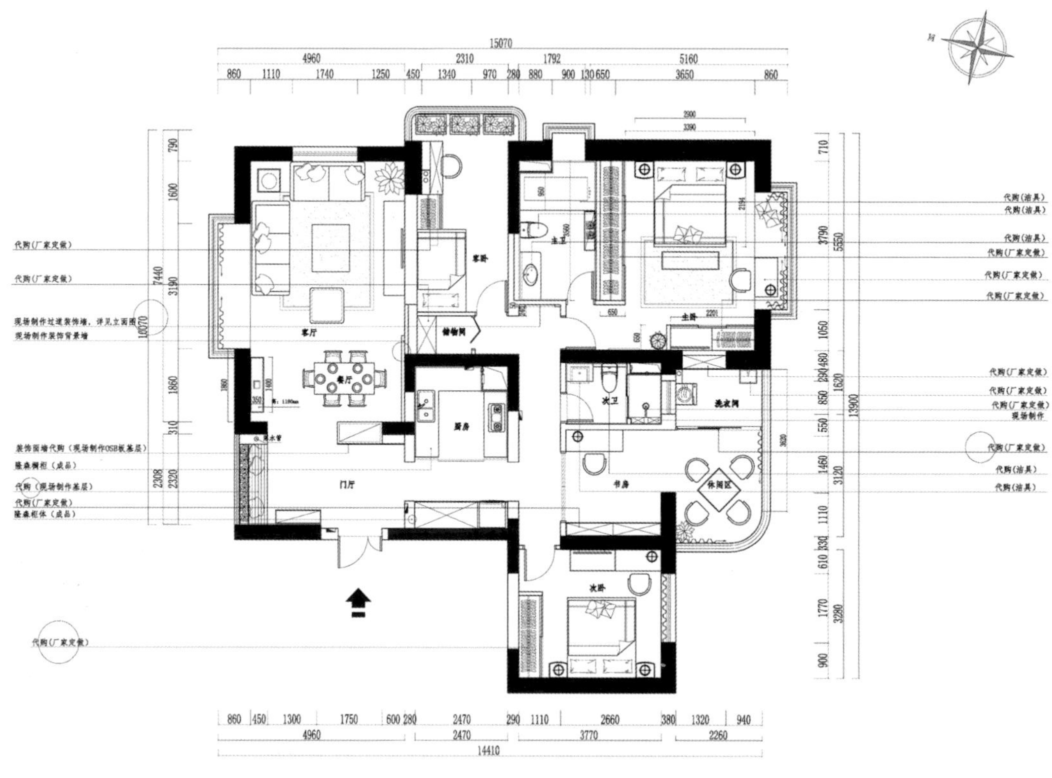
15070
4960
2310
1792
5160
860
1110
1740
1250
450
1340
970
280
880
900
130
650
3650
860
客卧
主卫
主卧
客厅
储物间
餐厅
厨房
次卫
洗衣间
门厅
书房
休闲区
次卧
860
450
1300
1750
600
280
2470
290
1110
2660
380
1320
940
4960
2470
3770
2260
14410

平面布置图

辭海
辭海
Forbes
Billionaires

**主案设计：**
黄丽蓉 Huang Lirong
**博客：**
http://819846.china-designer.com
**公司：**
云南中策设计有限公司
**职位：**
设计总监


**项目：**
挪威森林
滇池名古屋
滇池卫城
新亚洲体育城
清水木华
高天流云
野鸭湖度假小区
公园道1号
云南印象
云岭天娇
荷塘月色
滇池高尔夫
世博生态城
同德极少墅
安宁温泉山谷

# 月牙塘
# Crescent Pond

## A 项目定位 Design Proposition
本案旨在公寓内营造一种年轻的生活方式。

## B 环境风格 Creativity & Aesthetics
本案设计从突出宽敞、高雅、简约、大气着手，给人的第一感觉是清新开阔，舒适而实用，设计重点在于创造空间美，简洁的面与面结合构造出空旷的感觉，简单的线条通过自然的木材纹理，诠释出极具纵深的韵律感，空间的线性层次定义了空间的设计风格：现代简约。

## C 空间布局 Space Planning
本案以入户为中轴线，客房客卫、餐厅客厅位列左右，餐厨一体，客厅将户外景色引入，主卧囊括休闲书房、日常衣帽卫浴空间、功能性强且及具私密性，整体布局简洁明了，分流清晰。

## D 设计选材 Materials & Cost Effectiveness
本案从入户处开始以浅色斑马木饰面，引导空间留向，餐厅以磨边银镜饰墙，延伸空间、增强空间的灵动性，客厅电视背景墙辅以蒙花镜及石材，身前交相辉映，更显干净利落。

## E 使用效果 Fidelity to Client
本案的投入与后期效果相比，物超所值，大大超乎客户装修之初对自己房子的期望值。

**Project Name_**
*Crescent Pond*
**Chief Designer_**
*Huang Lirong*
**Location_**
*Kunming Yunnan*
**Project Area_**
*120sqm*
**Cost_**
*500,000RMB*

**项目名称_**
*月牙塘*
**主案设计_**
*黄丽蓉*
**项目地点_**
*云南 昆明*
**项目面积_**
*120平方米*
**投资金额_**
*50万元*

平面布置图

**主案设计：**
吴锦文 Wu Jinwen
**博客：**
http://821462.china-designer.com
**公司：**
武汉郑一鸣室内建筑设计工作室
**职位：**
设计师

**项目：**
千岛湖玫瑰园联排别墅
上海鹏利海景花园
观澜湖总部会馆

# 格调生活
# Style Life

## A 项目定位 Design Proposition
时尚是现代的、当下的、有活力的象征。经典是沉淀的、稳重的、永恒的、品味的象征。

## B 环境风格 Creativity & Aesthetics
活力与品味是现在高级白领阶层的生活状态与精神追求，本案的设计是为他们量身定做。

## C 空间布局 Space Planning
全房大胆采用黑色走边吊顶，通过光影的效果呈现细腻的层次。

## D 设计选材 Materials & Cost Effectiveness
客厅使用现代个性的马毛背景，搭配经典的珍珠白沙发，与鳄鱼皮纹茶几。空间里在满足实用的基础上，追求自由与开放，半透明的公共盥洗室区域，设置在走道边，使原本不大的区域多了一份通透感。

## E 使用效果 Fidelity to Client
卧室里沉稳简洁的造型，温暖的咖啡色调，在喧闹的城市中，找一个修身养心的场所。

**Project Name_**
*Style Life*
**Chief Designer_**
*Wu Jinwen*
**Location_**
*Wuhan Hubei*
**Project Area_**
*120sqm*
**Cost_**
*300,000RMB*

**项目名称_**
*格调生活*
**主案设计_**
*吴锦文*
**项目地点_**
*湖北 武汉*
**项目面积_**
*120平方米*
**投资金额_**
*30万元*

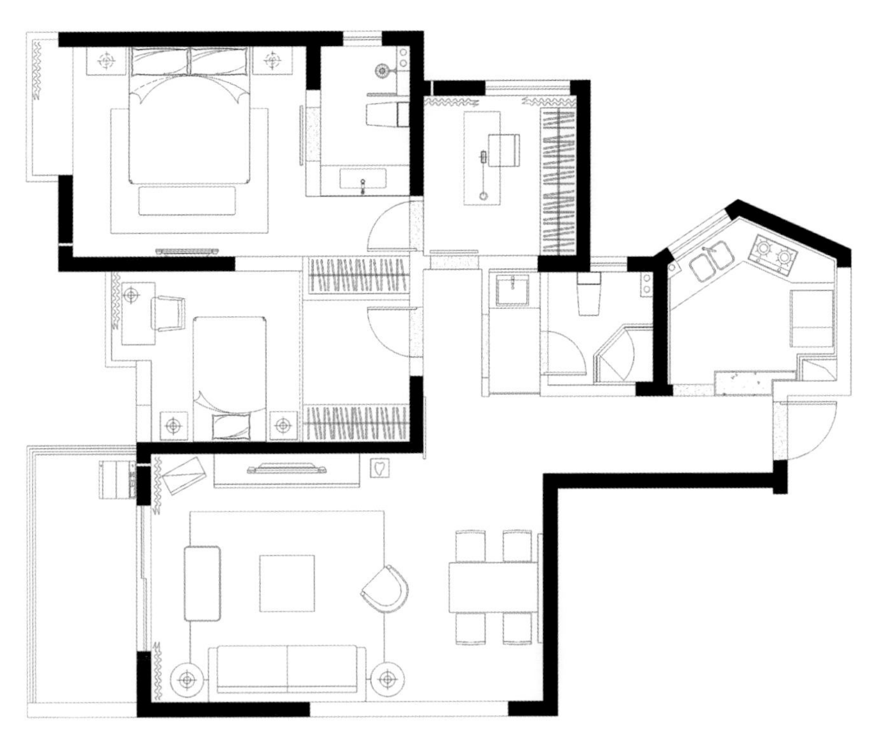

平面布置图

**主案设计：**
刘炼 Liu Lian
**博客：**
http:// 821398.china-designer.com
**公司：**
长沙艺筑装饰设计工程有限公司
**职位：**
设计师

**项目：**
同升湖别墅
美洲故事别墅
万科西街庭院
托斯卡纳别墅
盈峰翠邸别墅
龙湾别墅
卓越蔚蓝海岸别墅
东方大院别墅

# 合
# Together

## A 项目定位 Design Proposition

生活空间联系着生活的每个细节，对于生活空间，每个人的理解不尽相同，如同人的性格存在差异，耐人寻味的空间会有不同的“表情”。

## B 环境风格 Creativity & Aesthetics

本案拒绝令人紧张的花哨摆设，摒弃雕花镀金等一切修饰。

## C 空间布局 Space Planning

用简约和现代的意念，突出表现以生活为基础的灵动，实现理性与感性的共融。

## D 设计选材 Materials & Cost Effectiveness

通过色彩、造型、材质、光线的运用营造一种温馨、和谐的生活空间。

## E 使用效果 Fidelity to Client

把生活真实与艺术真实有机融合在一起。

**Project Name_**
*Together*
**Chief Designer_**
*Liu Lian*
**Participate Designer_**
*Yi Hui*
**Location_**
*Changsha Hunan*
**Project Area_**
*186sqm*
**Cost_**
*600,000RMB*

**项目名称_**
*合*
**主案设计_**
*刘炼*
**参与设计师_**
*易辉*
**项目地点_**
*湖南 长沙*
**项目面积_**
*186平方米*
**投资金额_**
*60万元*

平面布置图

**主案设计：**
陈波 Chen Bo
**博客：**
http://821529.china-designer.com
**公司：**
昆明中策装饰有限公司
**职位：**
设计师

**项目：**
云航宾馆
风驰传媒办公室
挪威森林
嘎纳小镇
银海领域
银海畅园
城市领地
世博生态城

# 城市领地
# City Territory

## A 项目定位 Design Proposition
本案业主从事医疗工作，本身有洁癖，非常喜欢白色、简洁的东西，但平时儿子和老公经常不在家，一个人的时间比较多，所以不喜欢家里太素雅，反而喜欢一些非常鲜艳热闹的色彩，所以出来了一套充满了色彩冲撞的设计。

## B 环境风格 Creativity & Aesthetics
白色是本案整体的主色调。运用了不同材质的白色，白色的大理石门套、白色的木质墙面造型、白色起暗纹的墙纸、白墙、白顶、白色的玻璃茶几、电视柜，让室内具有强烈的后现代艺术气息。

## C 空间布局 Space Planning
案原房梁体较多且深，还深浅不一，而层高也不高，所以光线感觉不是太好。所以原房顶面用平顶处理，全部使用嵌入式LED射灯，没有用一盏吊灯，打造出现代简洁的空间。

## D 设计选材 Materials & Cost Effectiveness
佛搭积木一般不同高矮的梁体部分的处理，使用不同颜色灯带处理后，既淡化了梁体的效果，又使空间多了一些变化和趣味，同时最大限度地保留原房的层高空间。

## E 使用效果 Fidelity to Client
业主非常满意。

**Project Name_**
*City Territory*
**Chief Designer_**
*Chen Bo*
**Location_**
*Kunming Yunnan*
**Project Area_**
*100sqm*
**Cost_**
*250,000RMB*

**项目名称_**
*城市领地*
**主案设计_**
*陈波*
**项目地点_**
*云南 昆明*
**项目面积_**
*100平方米*
**投资金额_**
*25万元*

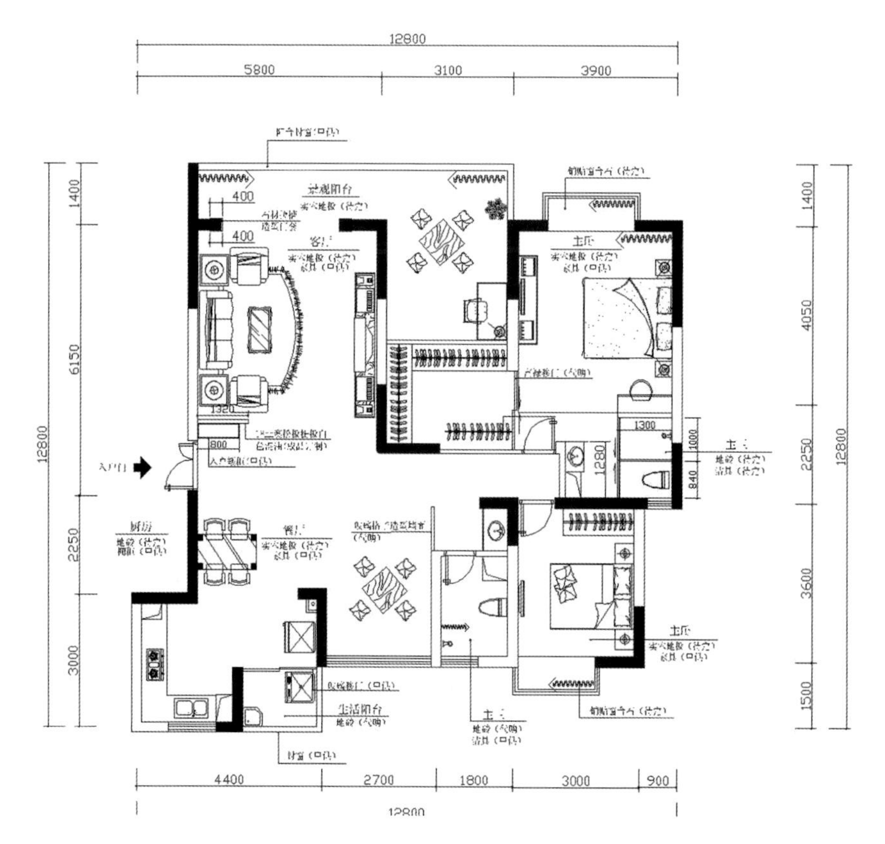


平面布置图

**主案设计：**
段绍堂 Duan Shaotang
**博客：**
http://821554.china-designer.com
**公司：**
昆明中策装饰有限公司
**职位：**
设计师


**奖项：**

作品入选第八界中国国际室内设计双年展

云南省室内设计协会第九界家居博览会设计作品银奖

**项目：**

世博生态城
金江小区
滇池卫城微风岛
滇池卫城鹿港
滇池卫城紫庐
新亚洲体育城
野鸭湖
顺城
上东城
呈贡百合苑
呈贡金桂苑
香格里拉盛景
中林佳湖
湖畔之梦
创意英国
文化苑
丰宁家园
江东小康城
理想小镇
水晶俊园
银海森林

# 昆明新亚洲体育城张宅

# Kunming New Asia Sports City Zhang House

## A 项目定位 Design Proposition

此案为复式户型，建筑面积230平方米。在设计的过程中对户型的功能及空间布局作了颠覆性的改动，把楼上的厨房及餐厅移到地下层。

## B 环境风格 Creativity & Aesthetics

在风格的定位上选择了现代中式风格，在体现住主人文化修养的同时了满足了其对时尚生活方式的追求，木雕的屏风，雕花的挂饰，极具收藏价值的花梨圈椅，深色调的空间家居尽显业主深蕴的文化内涵。

## C 空间布局 Space Planning

满足功能使用的情况下把地下层定义为休闲会客为主的空间，把楼上层定义为业主起居休息家庭交流的区域，从而使得整个方案的功能分区，动静分区更加合理化。主人和小孩的空间经过调整增加其空间感和使用性，融入了生活细节的设计使得业主的生活更具品质的条理。

## D 设计选材 Materials & Cost Effectiveness

及开放式的餐厨空间，简洁实用中导台设计，通透的卫浴空间，超长尺寸的浴缸以及宽敞的视听空间无不诠释了时尚自由的生活方式。

## E 使用效果 Fidelity to Client

业主非常满意。

**Project Name_**
*Kunming New Asia Sports City Zhang House*
**Chief Designer_**
*Duan Shaotang*
**Location_**
*Kunming Yunnan*
**Project Area_**
*230sqm*
**Cost_**
*750,000RMB*

**项目名称_**
*昆明新亚洲体育城张宅*
**主案设计_**
*段绍堂*
**项目地点_**
*云南 昆明*
**项目面积_**
*230平方米*
**投资金额_**
*75万元*

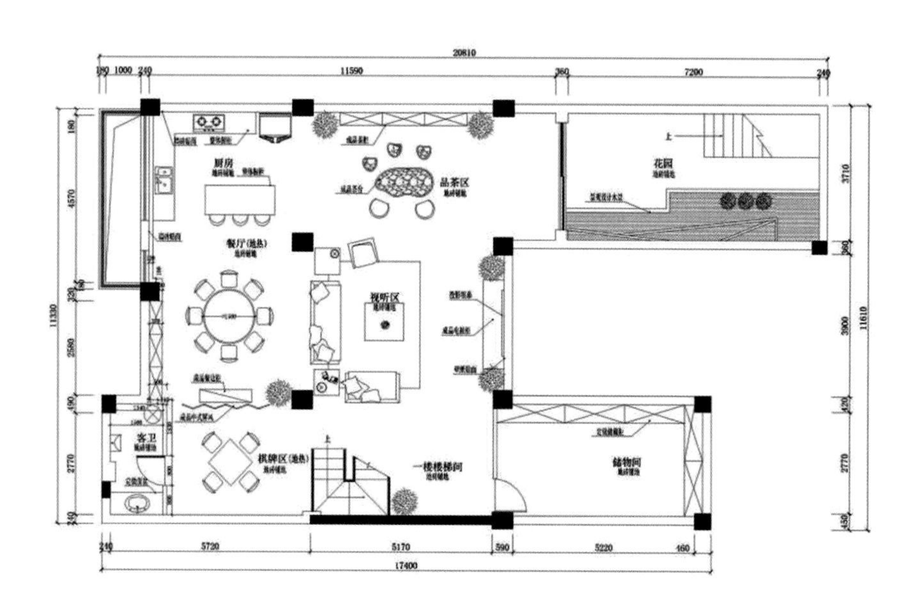


平面布置图

**主案设计：**
罗泽 Luo Ze
**博客：**
http:// 821608.china-designer.com
**公司：**
长沙艺筑装饰设计工程有限公司
**职位：**
首席设计师

**项目：**
花语（嘉盛华庭）
申奥美域

# 长沙申奥美域
# Changsha Shenao Meiyu

**A 项目定位** Design Proposition
自然，放松的生活环境。

**B 环境风格** Creativity & Aesthetics
本案给业主营造一种质朴、自然的舒适生活……

**C 空间布局** Space Planning
餐厅从异形改成了方形设计，更加实用了。

**D 设计选材** Materials & Cost Effectiveness
木器，墙面全做仿旧处理。

**E 使用效果** Fidelity to Client
经得起时间琢磨。

**Project Name_**
*Changsha Shenao Meiyu*
**Chief Designer_**
*Luo Ze*
**Location_**
*Changsha Hunan*
**Project Area_**
*135sqm*
**Cost_**
*200,000RMB*

**项目名称_**
*长沙申奥美域*
**主案设计_**
*罗泽*
**项目地点_**
*湖南 长沙*
**项目面积_**
*135平方米*
**投资金额_**
*20万元*

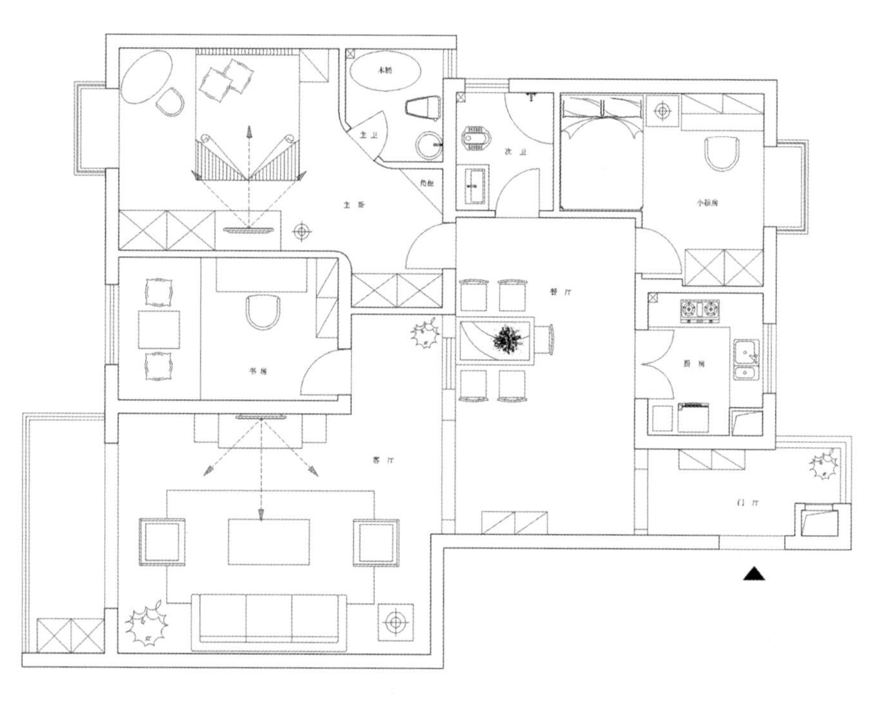
平面布置图

**主案设计**：
张艳芬 Zhang Yanfen
**博客**：
http://821668.china-designer.com
**公司**：
昆明中策装饰有限公司
**职位**：
设计师

**项目**：
世纪城
滇池卫城
野鸭湖
公园道1号
东岸紫苑
恒大金碧
水岸公馆
广福小区
阳光花园
家天下
顺城
金色俊园
新亚洲体育城
中产风尚
世纪半岛

# 泸西锦辉铭苑
# Luxi Jinhui Ming Yuan

## A 项目定位 Design Proposition
业主追求修身养性的生活境界，大面积的木质墙面，艳丽的泰式抱枕。

## B 环境风格 Creativity & Aesthetics
本案采用了混搭的设计手法，在新中式这种体现名族与传统文化的审美意蕴里融入了东南亚热带林的自然之美。

## C 空间布局 Space Planning
本案为复式户型，在户型功能及空间布局作了颠覆性的改动，合理的规划了空间，把原来厨房位置整个的移动，使餐厅和客厅连为一体，同时扩大了卫生间，增加了储藏室和生活阳台。

## D 设计选材 Materials & Cost Effectiveness
每个空间调整后都增加其空间感和适用性，融入了生活细节的设计使业主的生活更具品质。

## E 使用效果 Fidelity to Client
业主非常的满意。

**Project Name_**
*Luxi Jinhui Ming Yuan*
**Chief Designer_**
*Zhang Yanfen*
**Location_**
*Kunming Yunnan*
**Project Area_**
*200sqm*
**Cost_**
*450,000 RMB*

**项目名称_**
*泸西锦辉铭苑*
**主案设计_**
*张艳芬*
**项目地点_**
*云南 昆明*
**项目面积_**
*200平方米*
**投资金额_**
*45万元*

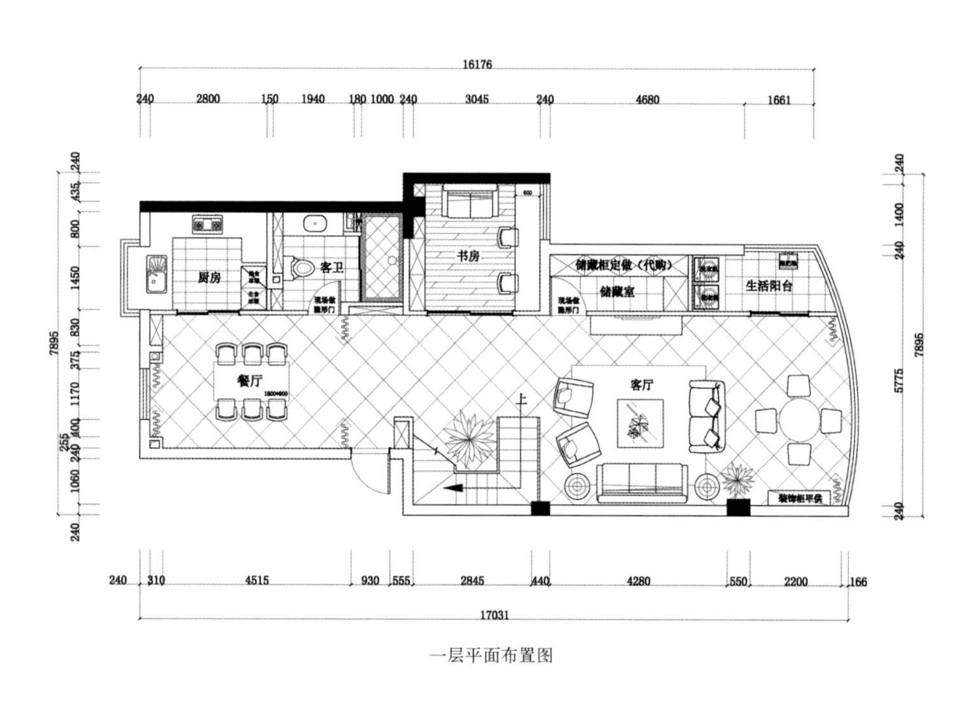


一层平面布置图

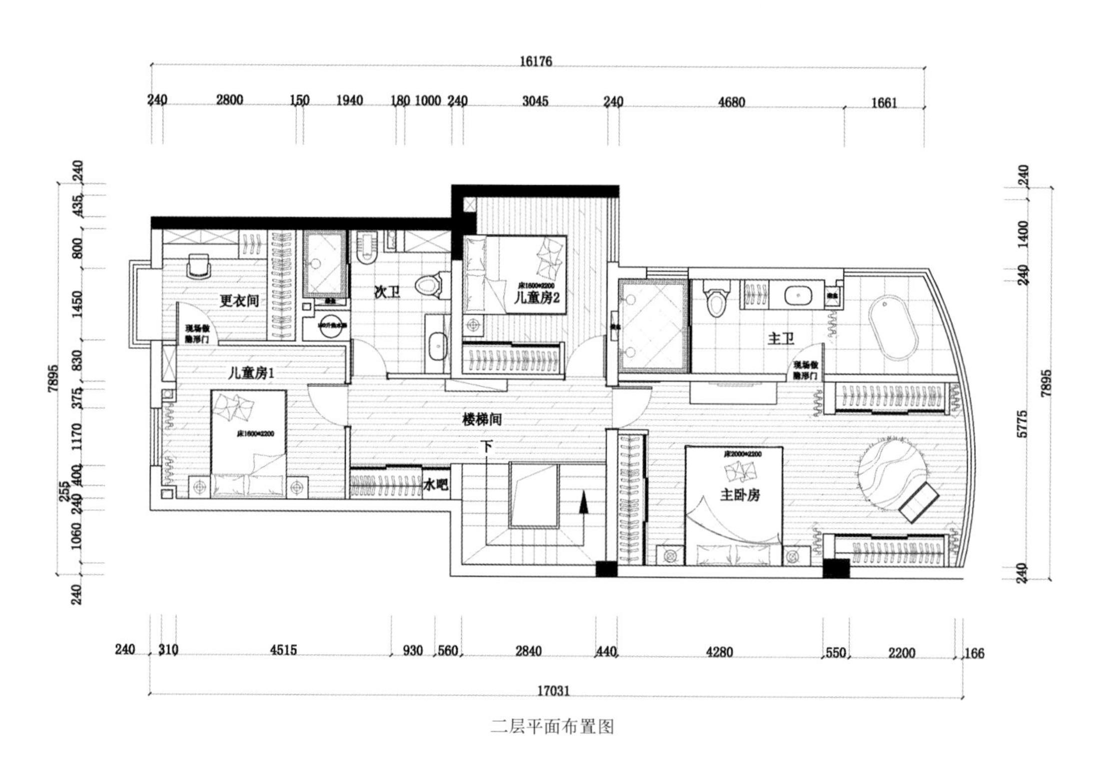
16176
240
2800
150
1940
180
1000
240
3045
240
4680
1661
更衣间
次卫
儿童房2
主卫
现场做隐形门
儿童房1
楼梯间
下
水吧
主卧房
7895
5775
240
310
4515
930
560
2840
440
4280
550
2200
166
17031

二层平面布置图

**主案设计：**
易文韬 Yi Wentao
**博客：**
http://822399.china-designer.com
**公司：**
长沙艺筑装饰设计工程有限公司
**职位：**
首席设计师

# 长沙芙蓉苑
# Changsha Hibiscus Court

**A 项目定位** Design Proposition
因为业主也是年轻人，定位从空间入手，摒弃繁琐无谓的造型。

**B 环境风格** Creativity & Aesthetics
用造型进行方向的暗示性指引。

**C 空间布局** Space Planning
用整体的色调进行整体的空间定位和色彩定位 。

**D 设计选材** Materials & Cost Effectiveness
局部用对比色和对比材质提亮空间打破沉闷感。

**E 使用效果** Fidelity to Client
各个局部加强关联性，让空间不会大而空洞。

**Project Name_**
*Changsha Hibiscus Court*
**Chief Designer_**
*Yi Wentao*
**Location_**
*Changsha Hunan*
**Project Area_**
*480sqm*
**Cost_**
*500,000RMB*

**项目名称_**
*长沙芙蓉苑*
**主案设计_**
*易文韬*
**项目地点_**
*湖南 长沙*
**项目面积_**
*480平方米*
**投资金额_**
*50万元*

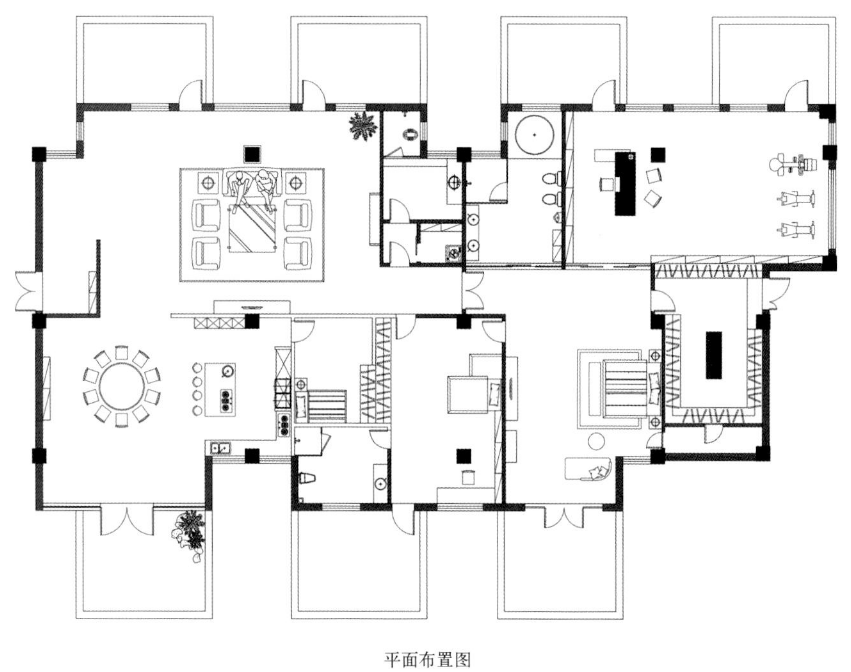

平面布置图

**主案设计：**
单炳权 Shan Bingquan
**博客：**
http://822773.china-designer.com
**公司：**
元洲重庆V6装饰
**职位：**
研发设计总监

**奖项：**
2006双年展优秀奖
2007年北京美化家居三等奖
2008中国建筑装饰协会（全国优秀设计师）
2009年作品在（中国室内设计作品集）
**项目：**
蓝湖郡
常青藤
保利高尔夫
橡树蓝湾
高山流水
长安丽都

# 重庆长安丽都花园洋房
# Chongqing Changan Lido Gardens

## A 项目定位 Design Proposition
本案在众多欧式、美式中跳脱而出，纯粹的后现代风格搭配众多自然元素非常亮眼。

## B 环境风格 Creativity & Aesthetics
设计者给本案增添了很多自然的元素，影视厅那副原始森林的壁画，公路在树下盘桓而至，空间造型极其独特，似乎将室内连接至室外，再加以大地色系的葵花椅和地毯搭配，非常有意境。

## C 空间布局 Space Planning
本案大部分都采用了开敞式设计，巧妙运用镜面打造了一个很有立体感的空间。

## D 设计选材 Materials & Cost Effectiveness
尽管整体色调是以黑白灰为主，楼梯也是灰白木质纹的自然感，和窗帘相映成辉，客厅选用了酒红沙发和地毯，门厅选用了绿色地毯，让人置身其中十分开阔和愉悦。

## E 使用效果 Fidelity to Client
业主看到施工完后的成品时一直说不能用漂亮来形容。

**Project Name_**
*Chongqing Changan Lido Gardens*
**Chief Designer_**
*Shan Bingquan*
**Location_**
*Jiangbei District Chongqing*
**Project Area_**
*260sqm*
**Cost_**
*500,000RMB*

**项目名称_**
*重庆长安丽都花园洋房*
**主案设计_**
*单炳权*
**项目地点_**
*重庆 江北*
**项目面积_**
*260平方米*
**投资金额_**
*50万元*

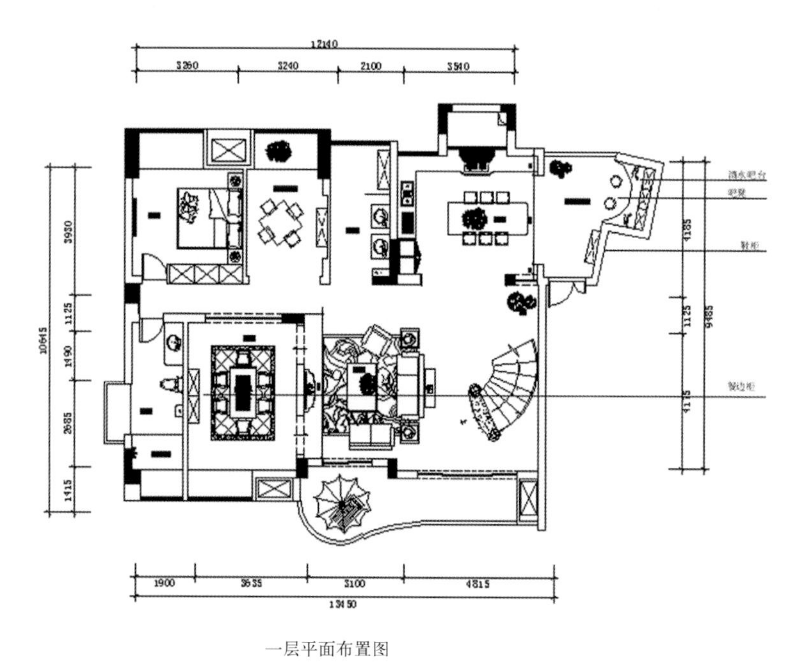

一层平面布置图

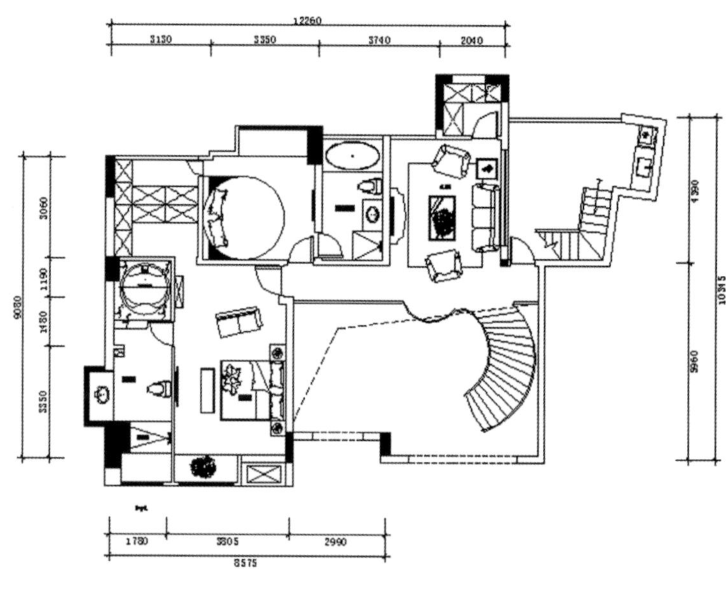

二层平面布置图

**主案设计：**
杨欣淇 Yang Xinqi
**博客：**
http:// 821613.china-designer.com/
**公司：**
湖南美迪装饰公司
**职位：**
首席设计师

**奖项：**
中国注册高级室内建筑师
中国建筑学会室内设计分会会员
2005年湖南十佳新锐建筑师
2006年全国优秀设计师
2007年第三届IFI国际室内设计大赛佳作奖
2007年湖南第七届室内设计大赛金奖
2009年湖南第九届室内设计大赛铜奖
第十届中国室内设计大赛双年展金奖
第六届IFI国际室内设计大赛优秀奖

**项目：**
麓山名园
BOBO国际
王府花园

# 基本空间·牧心
# Free Space

## A 项目定位 Design Proposition
业主是一位从事金融行业的银行家，工作严谨而忙碌，期望走进家门能卸下都市风尘，感受到轻盈自然的气息……立马转换成远离喧嚣的质朴生活。

## B 环境风格 Creativity & Aesthetics
谁说厨房就该封闭，谁说餐桌就该有四肢，谁说沙发就该是一种材质，谁说精致时尚不能和原始粗犷碰撞……原来这种不一样造就的就是这样慵懒随性的慢生活。

## C 空间布局 Space Planning
无形的功能分区靠的不是死板隔断，行走路线可以是环绕式的，书吧在客厅一角，形成丰富多姿的家庭公共空间。

## D 设计选材 Materials & Cost Effectiveness
红砖、水泥、石板包容简洁的木质桌椅及各种形态的沙发组合，没有昂贵的吊灯,没有奢侈的装饰,没有华丽的家品,用最基本的材料,最基本表情的打造小众视觉。

## E 使用效果 Fidelity to Client
本案在一年后仍保留刚入住时的清新，随着季节的变化更换部分软装反馈到主人不一样的心情。

**Project Name_**
*Free Space*
**Chief Designer_**
*Yang Xinqi*
**Location_**
*Changsha Hunan*
**Project Area_**
*137sqm*
**Cost_**
*250,000RMB*

**项目名称_**
*基本空间·牧心*
**主案设计_**
*杨欣淇*
**项目地点_**
*湖南 长沙*
**项目面积_**
*137平方米*
**投资金额_**
*25万元*

**主案设计**：
黄译 Huang Yi
**博客**：
http:// 684898.china-designer.com
**公司**：
建学建筑与工程设计所有限公司
**职位**：
设计总监

**职称**：
室内建筑师
ICAD国际商业美术师
高级CIID中国室设计协会会员
**项目**：
北京-三溪塘别墅VS户型示范单位
南京-钟山美庐定制别墅

# 低碳之家—静

# Green Home - Quiet

## A 项目定位 Design Proposition

本案在自然中吸取创意，取木为空间元素，以静为家之态度，化繁为简。

## B 环境风格 Creativity & Aesthetics

少一些雕琢，多一些自然和适当的留白。

## C 空间布局 Space Planning

将建筑语言在室内表达，减少了累赘，功能却丝毫不打折。

## D 设计选材 Materials & Cost Effectiveness

将室外自然的木质材料吸收于室内，绝非单纯的装饰，晨光暮影，浅入淡出，主人喜好温书的生活方式窥见一斑。

## E 使用效果 Fidelity to Client

减少装饰又保证空间美学，强调机能的共享和延伸，以低碳的生活方式倡导当代私人居所装修新理念。

**Project Name_**
*Green Home - Quiet*
**Chief Designer_**
*Huang Yi*
**Location_**
*Nanjing Jiangsu*
**Project Area_**
*123sqm*
**Cost_**
*160,000RMB*

**项目名称_**
*低碳之家—静*
**主案设计_**
*黄译*
**项目地点_**
*江苏 南京*
**项目面积_**
*123平方米*
**投资金额_**
*16万元*

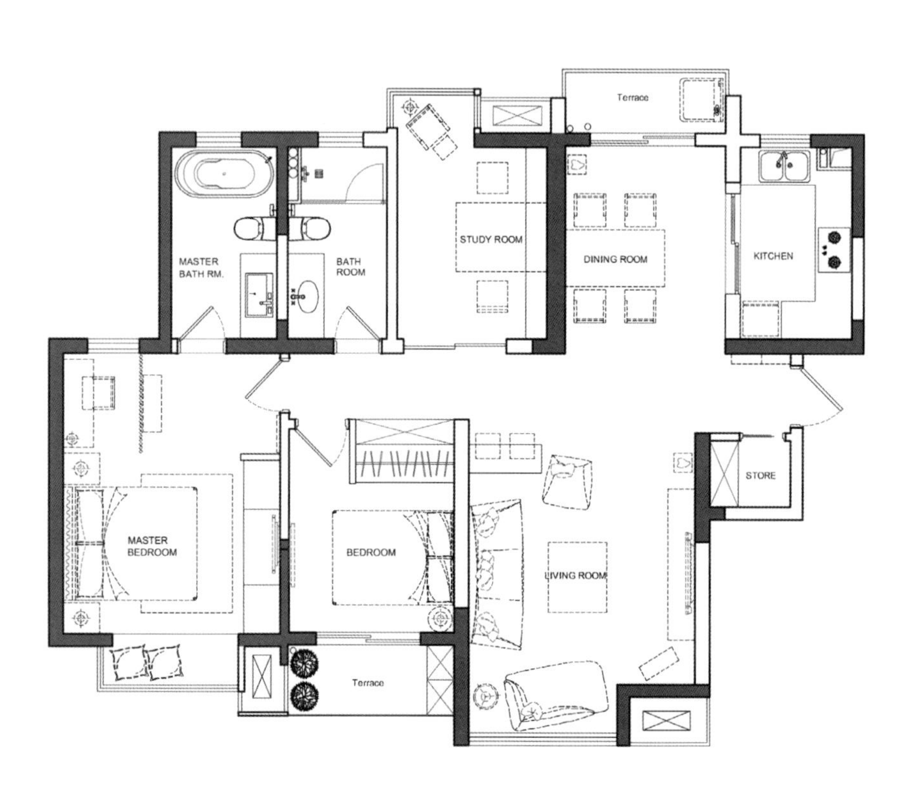


平面布置图

魔手
怪钟
鸽群中的猫
死人的殿堂

SUBLIMAGE
CHANEL

**主案设计：**
黄译 Huang Yi
**博客：**
http:// 684898.china-designer.com
**公司：**
建学建筑与工程设计所有限公司
**职位：**
设计总监
**职称：**
室内建筑师
ICAD国际商业美术师
高级CIID中国室设计协会会员
**项目：**
北京-三溪塘别墅VS户型示范单位
南京-钟山美庐定制别墅

# 加减生活
# Add and Subtract

## A 项目定位 Design Proposition
硬装上我们做减法，灵活运用立体构成的思维，不仅让收纳空间没有丝毫的突兀感，更让开敞的空间内承载了不同元素的激烈碰撞。

## B 环境风格 Creativity & Aesthetics
我们不需要教条的装饰，屋内的灯光开启，冷酷的黑白灰展示出细腻的温馨质感。所有的灯具都是曝露的，白色外壳的斗胆灯是特殊定制的，暖调的灯光映射仿佛将记忆拉回那个久远的年代，散发怀旧的馨香。

## C 空间布局 Space Planning
由于主人的工作原因，大量的外拍和快节奏的生活方式，让他们无暇在家中大展厨艺。两平方米的生活阳台被充分利用为主人的餐厅，灵巧的和厨房融为一体，加上落地玻璃的整面采光， 让偶尔在家用餐的主人能依窗而坐，静享远景。

## D 设计选材 Materials & Cost Effectiveness
电视背景白色的文化砖是空间内唯一的装饰用材，仅数百元，在淘宝即可挖掘到；而地面的哑光深色锈岩砖和粗糙质感的白色文化砖形成鲜明对比。

## E 使用效果 Fidelity to Client
屋主是是活跃于传媒界的编导、导演，设计师与他们对于软配的构想不谋而合，展示一个家最真实的一面，注定让它充满灵感，后现代主义的气息更适合有想象力的人。生活需要加减法，空间从之，成全设计艺术与功能的并置是本作的主轴。

**Project Name_**
*Add and Subtract*
**Chief Designer_**
*Huang Yi*
**Location_**
*Nanjing Jiangsu*
**Project Area_**
*88sqm*
**Cost_**
*140,000RMB*

**项目名称_**
*加减生活*
**主案设计_**
*黄译*
**项目地点_**
*江苏 南京*
**项目面积_**
*88平方米*
**投资金额_**
*14万元*

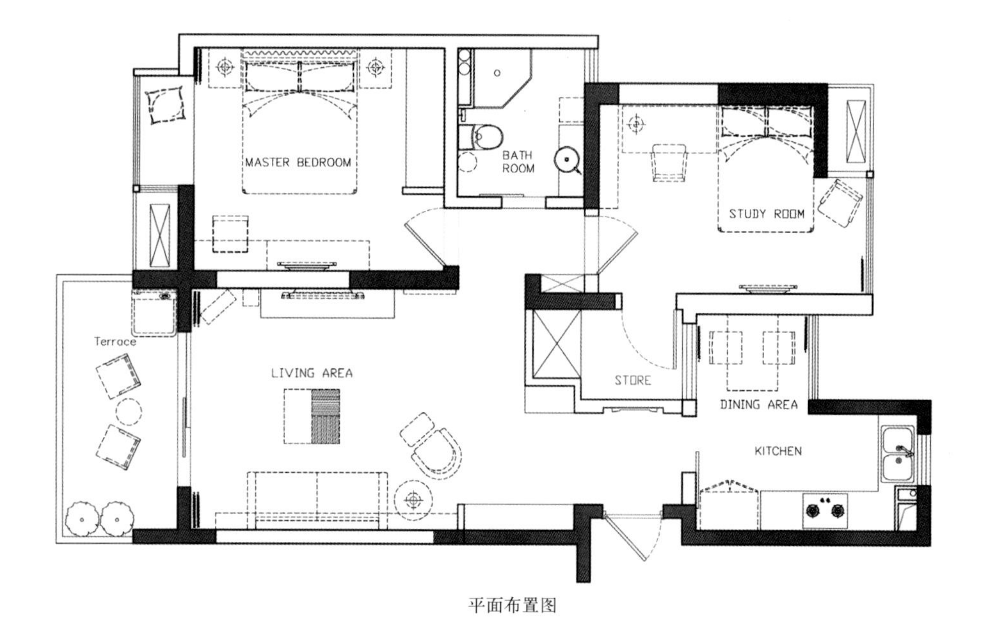

平面布置图

An Evening
in
New
York
Weekend
in
Paris

Arletta

**主案设计：**
丁娅君 Ding Yajun
**博客：**
http://820120.china-designer.com
**公司：**
长沙艺筑装饰设计工程有限公司
**职位：**
首席设计师

**奖项：**
2007年湖南省室内设计大赛银奖
2008年"高尚杯"室内设计大赛佳作奖
2009年湖南省第九届室内设计大赛铜奖
2010年亚太室内设计大赛银奖

**项目：**
同升湖别墅
梦泽园别墅
金色比华利样板房
托斯卡那
普瑞斯堡
湘江世纪城样板房

# 静·净
# Net · Quiet

## A 项目定位 Design Proposition

"家"是专属自己的个性空间！现代都市的快节奏生活导致各种污染和喧嚣，使环保和静谧成为家的主题。

## B 环境风格 Creativity & Aesthetics

本案业主为一对热恋中的年轻医务工作者。设计师在受理本案时，对空间的大胆构想和对色彩的剔减方式，得到了业主的赞许。

## C 空间布局 Space Planning

分析原建筑空间：在尺度比例上、人的动线上都较为模糊、闭塞。

## D 设计选材 Materials & Cost Effectiveness

本着理性的原则，设计师对原有空间大刀阔斧地做了调整，从而使空间的采光、通风、空间尺度的比例及动线得到了质的提升。

## E 使用效果 Fidelity to Client

带着感性的交流，设计师深深体会到这对业主想要一个像他们的爱情一样纯净的家！ 这个家，就以一种净白的方式讲述着一个美丽的爱情故事……

**Project Name_**
*Net · Quiet*
**Chief Designer_**
*Ding Yajun*
**Location_**
*Changsha Hunan*
**Project Area_**
*100sqm*
**Cost_**
*60,000RMB*

**项目名称_**
*静·净*
**主案设计_**
*丁娅君*
**项目地点_**
*湖南 长沙*
**项目面积_**
*100平方米*
**投资金额_**
*6万元*

**主案设计**：
张瑞 Zhang Rui
**博客**：
http:// 821372.china-designer.com
**公司**：
鸿扬家装长沙公司
**职位**：
首席设计师

**项目**：
长沙同升湖别墅
长沙悦禧国际山庄别墅
长沙F1酒吧
长沙西街会所
株洲金樽KTV

# 尚古

# Advocate Ancient

## A 项目定位 Design Proposition

自由平面的运用，形成了更加开阔的生活空间。

## B 环境风格 Creativity & Aesthetics

中国传统字画的运用，手工陶砖在传承中国传统文化的同时也融合了现代人居环境的要求。

## C 空间布局 Space Planning

本案的设计中，空间的功能混搭改变了生活行为的单一性，餐桌亦是书桌，客厅也是书房，浴室也可以作为孩子的游戏空间。

## D 设计选材 Materials & Cost Effectiveness

自行烧制的绿釉陶板砖，像一汪碧水，也似心底的一片绿草，使得原本这钢筋水泥的工业化住宅也有了些自然的味道。旧木改制的家具，因为几十上百年的岁月磨砺，安安静静的很有内涵，层次丰富的如同陈年普洱。

## E 使用效果 Fidelity to Client

美观空间灵活实用。

**Project Name_**
*Advocate Ancient*
**Chief Designer_**
*Zhang Rui*
**Location_**
*Changsha Hunan*
**Project Area_**
*140sqm*
**Cost_**
*350,000RMB*

**项目名称_**
*尚古*
**主案设计_**
*张瑞*
**项目地点_**
*湖南 长沙*
**项目面积_**
*140 平方米*
**投资金额_**
*35万元*

**主案设计：**
帅蔚 Shuai Wei
**博客：**
http:// 821128.china-designer.com
**公司：**
长沙艺筑装饰设计工程有限公司
**职位：**
首席设计师

# 浅唱
# Light Singing

## A 项目定位 Design Proposition

喜爱传统元素，对时尚有着狂热的向往，希望空间能表达它全部的感情，同时还能感受到些许的奢华。

## B 环境风格 Creativity & Aesthetics

对光的运用十分注重，在空间中光就像艺术家手中的画笔，将空间中那美轮美奂的的故事情节描绘得生动自然。

## C 空间布局 Space Planning

对原建筑进行改造，使其变得开敞而又相互联系，流线更合理，尺度更夸张，更具视觉冲击。

## D 设计选材 Materials & Cost Effectiveness

原木与仿大理石材质的有序搭配融合了传承与革新，名族化与现代化，历史文脉与时代精神。

## E 使用效果 Fidelity to Client

无论是透明得晶莹，还是质朴得厚重，也无论是细腻得光滑，还是错综的肌理，都在神奇的光的反射下散发出迷人的妩媚和光彩。

**Project Name_**
*Light Singing*
**Chief Designer_**
*Shuai Wei*
**Participate Designer_**
*Wang Xiangsu , Wang Qingqing*
**Location_**
*Changsha Hunan*
**Project Area_**
*160sqm*
**Cost_**
*500,000RMB*

**项目名称_**
*浅唱*
**主案设计_**
*帅蔚*
**参与设计师_**
*王湘苏、王晴晴*
**项目地点_**
*湖南 长沙*
**项目面积_**
*160平方米*
**投资金额_**
*50万元*

**主案设计：**
段威 Duan Wei
**博客：**
http://823029.china-designer.com
**公司：**
武汉支点环境艺术设计有限公司
**职位：**
首席设计师

# 宝安璞园
# Baoan Puyuan

## A 项目定位 Design Proposition
本案为一楼带地下室结构，共200平方米。在结合业主喜好需求和面积相对富裕的情况下做如下划分，一楼划分为生活区：客餐厅、厨房、3间卧室 。

## B 环境风格 Creativity & Aesthetics
将原有的阳台划到室内空间，将厨房和餐厅扩大整合在一起，这样划分后整体个客厅餐厅区域空间视觉感变大，美感更好 。

## C 空间布局 Space Planning
将紧靠客厅的卧室改造成连接上下两层的楼梯和主卧的衣帽间，既让客厅实际空间变大，又使主卧功能完备。

## D 设计选材 Materials & Cost Effectiveness
书吧采用黑色、灰色、桃红色做对比效果。健身房整体采用流线型的框和大面的镜面处理，使整个空间极具动感和延伸感 。

## E 使用效果 Fidelity to Client
业主非常满意。

**Project Name_**
*Baoan Puyuan*
**Chief Designer_**
*Duan Wei*
**Location_**
*Wuhan Hubei*
**Project Area_**
*200sqm*
**Cost_**
*400,000RMB*

**项目名称_**
*宝安璞园*
**主案设计_**
*段威*
**项目地点_**
*湖北 武汉*
**项目面积_**
*200平方米*
**投资金额_**
*40万元*

**主案设计：**
方路沙 Fang Lusha
**博客：**
http://9415.china-designer.com
**公司：**
长沙人与空间规划与设计事务所
**职位：**
设计总监
**职称：**
高级室内建筑师
中国室内设计师资格证
中国陈设艺术专业委员会会员
中国建筑装饰与照明设计师联盟会员
**项目：**
湖南徐记餐饮曙光路店
湖南徐记海鲜伍家岭店
长沙湘戎酒店
长沙创莲酒家
湖南省政府九峰公寓

# 黑与白的宁静空间
# Quiet Space for Black and White

## A 项目定位 Design Proposition
此案业主喜爱书法与摄影。在尊重业主想法的前提下，风格定位在现代偏中式概念与混搭相结合，设计中留出一定空间让业主发挥，在以后的生活中不断增添自己所喜爱的陈设及艺术品。

## B 环境风格 Creativity & Aesthetics
业主人到中年，他对家的概念就是简洁、平淡、舒适，对经典的黑白灰尤为钟情。简洁的直线、黑白的色调构筑最基本的基点。整个设计力求在黑与白的矛盾中寻求一种对称,在简洁与复杂中寻找一种平衡，在喧哗与世俗中达到一种宁静。

## C 空间布局 Space Planning
在原建筑结构允许的情况下，对墙体做了部分更改。让空间更具有合理性、采光性、通透性。在走道中设置了一组对外开启的衣柜，其功能是在春秋季有些衣物轮换使用但又不洗，也不能和干净衣物挂在一起的。

## D 设计选材 Materials & Cost Effectiveness
在本案中对材料使用的原则是：主次分明、差好适度。另外在灯具的选型上除非在场景环境中必须要用的，客厅和卧室的部分灯具自己设计加工制作,以达到最佳的室内设计效果。

## E 使用效果 Fidelity to Client
案例完成后，业主夫妇对设计的评价是：心如我愿，卓尔不群。

**Project Name_**
*Quiet Space for Black and White*
**Chief Designer_**
*Fang Lusha*
**Location_**
*Changsha Hunan*
**Project Area_**
*138sqm*
**Cost_**
*210,000RMB*

**项目名称_**
*黑与白的宁静空间*
**主案设计_**
*方路沙*
**项目地点_**
*湖南 长沙*
**项目面积_**
*138平方米*
**投资金额_**
*21万元*

**主案设计：**
李世友 Li Shiyou
**博客：**
http:// 109527.china-designer.com
**公司：**
山水空间装饰
**职位：**
高端首席设计师

# 沉醉的午后咖啡

# Afternoon Tea

## A 项目定位 Design Proposition

衣如其人，家也如其人。本案挖掘女主人对色彩柔美和温馨氛围的追求，同时又不失简约大气。

## B 环境风格 Creativity & Aesthetics

简约的块面处理体现阳刚之气，色彩柔和温馨的阴柔之美；试图解读简约风格的硬朗和柔美性格气质。

## C 空间布局 Space Planning

转角处理承接空间区域转换，视角通过镂空花格折门转角而变换。

## D 设计选材 Materials & Cost Effectiveness

隔断花格，刻花玻璃，木门雕花追求立体变化和统一。

## E 使用效果 Fidelity to Client

色彩的运用，业主戏称之为咖色，因此作品取名叫〝卡布奇诺〞。

**Project Name_**
*Afternoon Tea*
**Chief Designer_**
*Li Shiyou*
**Location_**
*Hefei Anhui*
**Project Area_**
*183sqm*
**Cost_**
*500,000RMB*

**项目名称_**
*沉醉的午后咖啡*
**主案设计_**
*李世友*
**项目地点_**
*安徽 合肥*
**项目面积_**
*183平方米*
**投资金额_**
*50万元*

**主案设计：**
赵鑫祥 Zhao Xinxiang
**博客：**
http://61385.china-designer.com
**公司：**
长沙艺筑装饰设计工程有限公司
**职位：**
VIP高级设计师

# 小空间大设计
# Amplify

**A 项目定位** Design Proposition
"小空间、大效果"是本案的设计亮点。原建筑是一套45平方米的偏小户型，通过使用功能的细化和重组，把空间改造成一个两房两厅的小复式。

**B 环境风格** Creativity & Aesthetics
本案设计选用白色为基调，保留建筑原结构，令空间充满活力。整个空间简洁、干净；简约的背后也体现一种现代消费观，即注重生活品味，注重健康时尚，注重合理、节约、科学消费。

**C 空间布局** Space Planning
合理利用空间，将小空间最大化。

**D 设计选材** Materials & Cost Effectiveness
白色基调。

**E 使用效果** Fidelity to Client
简洁，时尚。

**Project Name_**
*Amplify*
**Chief Designer_**
*Zhao Xinxiang*
**Location_**
*Changsha Hunan*
**Project Area_**
*45sqm*
**Cost_**
*60,000RMB*

**项目名称_**
*小空间大设计*
**主案设计_**
*赵鑫祥*
**项目地点_**
*湖南 长沙*
**项目面积_**
*45平方米*
**投资金额_**
*6万元*

**主案设计：**
徐玉磊 Xu Yulei
**博客：**
http://11983.china-designer.com
**公司：**
成都一澜空间设计工作室
**职位：**
首席设计师

**奖项：**
作品被《居周刊》多次刊登，且多次接受专访
**项目：**
万科金域蓝湾的“乐活家白领单身公寓”
西子香荷
华润凤凰城的“知性简约的三口之家”

# 流金岁月
# Golden Years

**A 项目定位** Design Proposition
彰显大空间。

**B 环境风格** Creativity & Aesthetics
运用LOFT风格，现代简约。

**C 空间布局** Space Planning
大量运用白色与黑色彰显空间。

**D 设计选材** Materials & Cost Effectiveness
选用科勒、V派、华艺等品牌。

**E 使用效果** Fidelity to Client
作品投入使用后效果很理想。

**Project Name_**
*Golden Years*
**Chief Designer_**
*Xu Yulei*
**Location_**
*Chengdu Sichuan*
**Project Area_**
*50sqm*
**Cost_**
*140,000RMB*

**项目名称_**
*流金岁月*
**主案设计_**
*徐玉磊*
**项目地点_**
*四川 成都*
**项目面积_**
*50平方米*
**投资金额_**
*14万元*

JINTANGPRIZE 金堂奖

2011 中国室内设计年度评选

CHINA INTERIOR DESIGN AWARDS 2011

# GOOD DESIGN OF THE YEAR VILLA

# 年度优秀别墅

**主案设计：**
巫小伟 Wu Xiaowei
**博客：**
http://26329.china-designer.com
**公司：**
巫小伟设计事务所
**职位：**
创意总监

**奖项：**
国家注册高级住宅室内设计师
中国建筑装饰协会官方网站推荐会员，中国艺术家网为当代艺术家
08年作品入选中国最具价值商业设计50强
09搜狐焦点全国10大公益设计师
09作品《精致慢生活》入选中央电视台交换空间

**项目：**
2005年常熟是赛蒂皮件有限公司办公楼及展厅
2005年上海良机博物馆
2006年杭州市滨江区南港大酒店方案设计
2007年阳光花园别墅
银湖花园别墅19幢
银湖花园别墅20幢
2008年湖畔现代城现场售楼处

# 东与西得幸福生活

# WM Happy Life

## A 项目定位 Design Proposition

根据业主文化需求，融合了中西方文化的精华。

## B 环境风格 Creativity & Aesthetics

本案融合了中西方文化的精华，既有美式乡村的自然回归，又融入古典文化的内敛细腻，摒弃了繁琐的设计，讲究心灵的自然回归，西方文化的张扬和中式古典的内敛在同一个空间里并行不悖，水乳交融。

## C 空间布局 Space Planning

设计师拿到本案后首先明晰了各层功能区域的划分，各层划分为不同的功能区域。地下室以娱乐为主，设置了影视厅、健身房、棋牌室等娱乐空间；一层为公共活动区域，分隔成客厅、厨房、餐厅、书房等公共区域；二层和三层为业主私密区域，卧室、业主休闲区等设置在此处。

## D 设计选材 Materials & Cost Effectiveness

实木系列和仿古瓷砖相融合。

## E 使用效果 Fidelity to Client

在实用功能合理的情况下，中西文化完美结合。

**Project Name_**
*WM Happy Life*
**Chief Designer_**
*Wu Xiaowei*
**Location_**
*Suzhou Jiangsu*
**Project Area_**
*400 sqm*
**Cost_**
*1,000,000RMB*

**项目名称_**
*东与西得幸福生活*
**主案设计_**
*巫小伟*
**项目地点_**
*江苏 苏州*
**项目面积_**
*400 平方米*
**投资金额_**
*100万元*

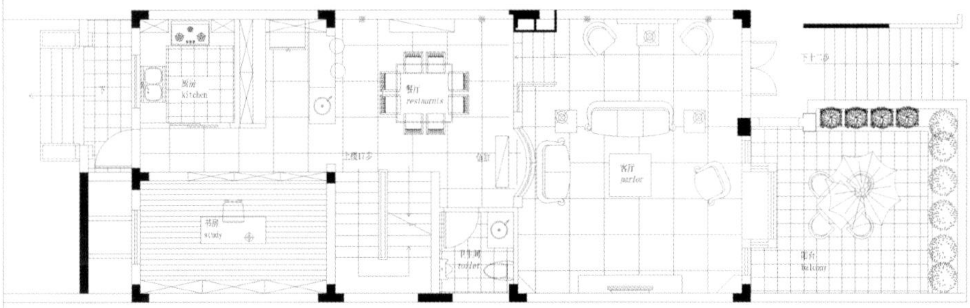

一层平面布置图

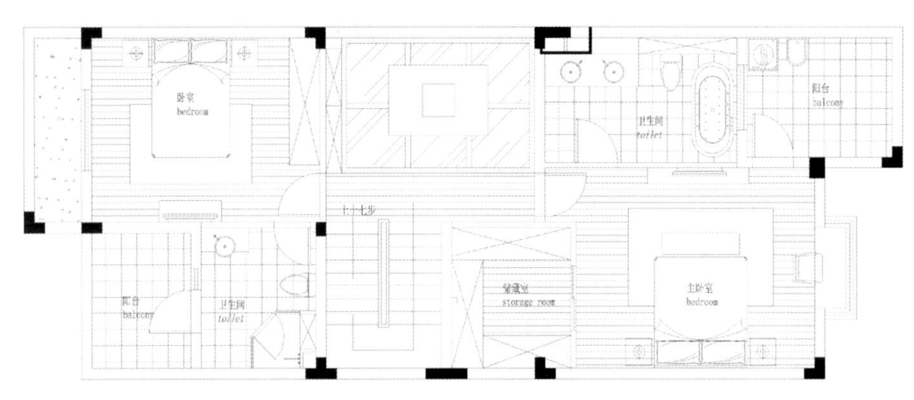

二层平面布置图

**主案设计：**
白俊杰 Bai Junjie
**博客：**
http:// 92595.china-designer.com
**公司：**
厦门雅点装饰设计工程有限公司
**职位：**
设计总监

# 厦门巴厘香墅
# Xiamen Bali Hong Villa

## A 项目定位 Design Proposition

整个方案在遵循安全、健康、适用、美观，即所谓SHCB（Safety、Health、Comfort、Beauty)的主体思路下悄然展开，在强调人与自然微妙关系外，更流露出现代居家趋向轻于装修、重于装饰。

## B 环境风格 Creativity & Aesthetics

想城市生活，是高尚住宅社区的主旨，设计师在迎合业主高尚、精致、完美的居家品味，完美彰显了现代都市家庭的理想生活意境。设计目的在除展示单位的空间感及阳光气息外，更特意向繁忙的都市人推介一种自然、人文的减法设计，重拾遗失已久的休闲，度假式心境。

## C 空间布局 Space Planning

空间造型改变原建筑一些不合理规划结构。让整个房子通亮透彻，动静分明。色彩搭配多样的变化并不缭乱，在黑、白色迷情的映衬下，它们相互协调、动人心玄，在自然的万象与现代的简练最终找到了平衡点。灯光效果在整体强调自然、环保、健康、节能的基础上，使整体空间环境神秘与温馨的全局性空间变化光源，置身其中，可以忘却所有生活的困顿与工作疲惫。

## D 设计选材 Materials & Cost Effectiveness

材料运用自然的原味与现代的文明在这里都魏魏绽现，健康、环保也是不变的主旋律，有了它才能感受舒适与安逸，享受懒洋洋的生活。

## E 使用效果 Fidelity to Client

提升生活趣味,业主十分满意。

**Project Name_**
*Xiamen Bali Hong Villa*
**Chief Designer_**
*Bai Junjie*
**Location_**
*Xiamen Fujian*
**Project Area_**
*1000sqm*
**Cost_**
*3,000,000RMB*

**项目名称_**
*厦门巴厘香墅*
**主案设计_**
*白俊杰*
**项目地点_**
*福建 厦门*
**项目面积_**
*1000平方米*
**投资金额_**
*300万元*

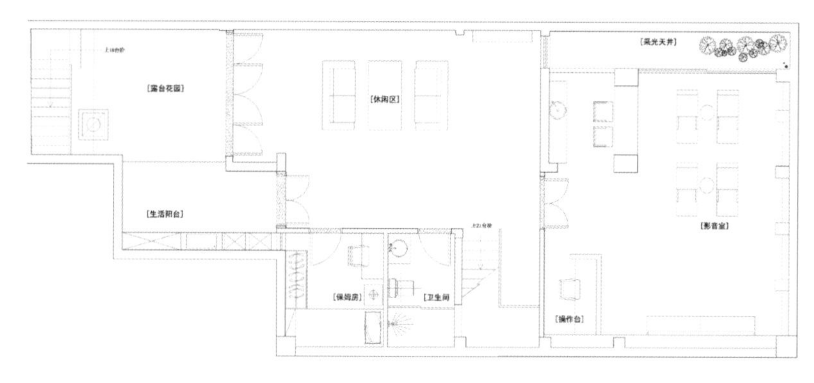


一层平面布置图

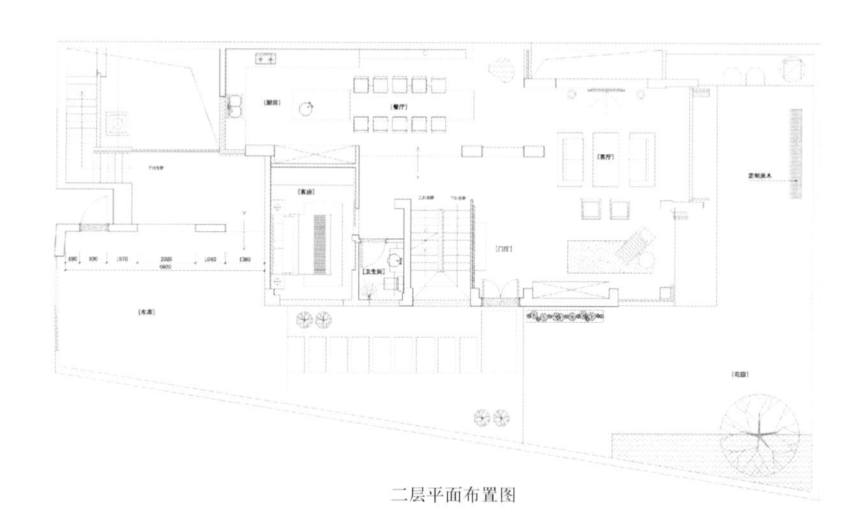

二层平面布置图

三层平面布置图

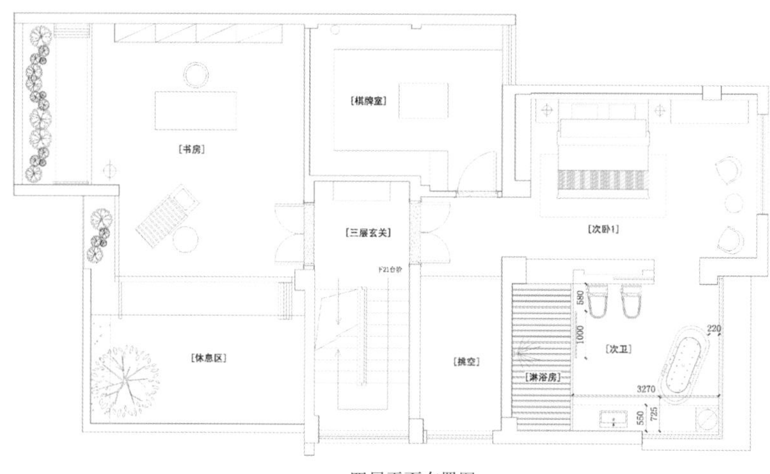


四层平面布置图

**主案设计：**
琚宾 Ju Bin
**博客：**
http://481336.china-designer.com
**公司：**
HSD水平线空间设计有限公司
**职位：**
首席创意总监

**项目：**
城南逸家天穹会所
三亚香水湾一号
凤凰岛国际度假养生中心

# 苏州中海胥江府

# Suzhou Zhonghai Xujiang House

## A 项目定位 Design Proposition

这是一处典型的中国院落样式——三进院连系起日常起居的各种功能空间。

## B 环境风格 Creativity & Aesthetics

在江南阴冷多雨的季节里，主人想要从客厅到餐厅，或从餐厅上楼，都需要穿过中间的院落，这本身就很不方便，而且，现在已不同往昔，如今的住宅密度，人们更注重个人的空间隐私。

## C 空间布局 Space Planning

利用了这种"润物细无声"的概念来表达空间的气质以及家的氛围。希望以一种更本质化的设计，来为这处小园的主人提供一个可以发挥他们生活个性，而不会和空间产生任何冲突的素色基底。

## D 设计选材 Materials & Cost Effectiveness

把古典造园术中的点睛之笔转幻为意境清幽的现代之美：肌理不同、色泽各异的玉石切割成等大的小块，排列组构成水池的中心，水静静从玉面滑落，有形而无声的禅意便潺潺渗透出来。

## E 使用效果 Fidelity to Client

这座姑苏城内、胥江岸边的小园之中，叠山理水，植花移木，充盈流露的东方气质与现代生活交融衍生为这样一处别有新意的"姑苏人家。

**Project Name_**
*Suzhou Zhonghai Xujiang House*
**Chief Designer_**
*Ju Bin*
**Participate Designer_**
*Wei Jinjing , Tan Qiongmei , Qiu Jianjun , Shi Yan , Yin Rui*
**Location_**
*Suzhou Jiangsu*
**Project Area_**
*300sqm*
**Cost_**
*6,000,000RMB*

**项目名称_**
*苏州中海胥江府*
**主案设计_**
*琚宾*
**参与设计师_**
*韦金晶、谭琼妹、邱建军、石燕、尹芮*
**项目地点_**
*江苏 苏州*
**项目面积_**
*300平方米*
**投资金额_**
*600万元*

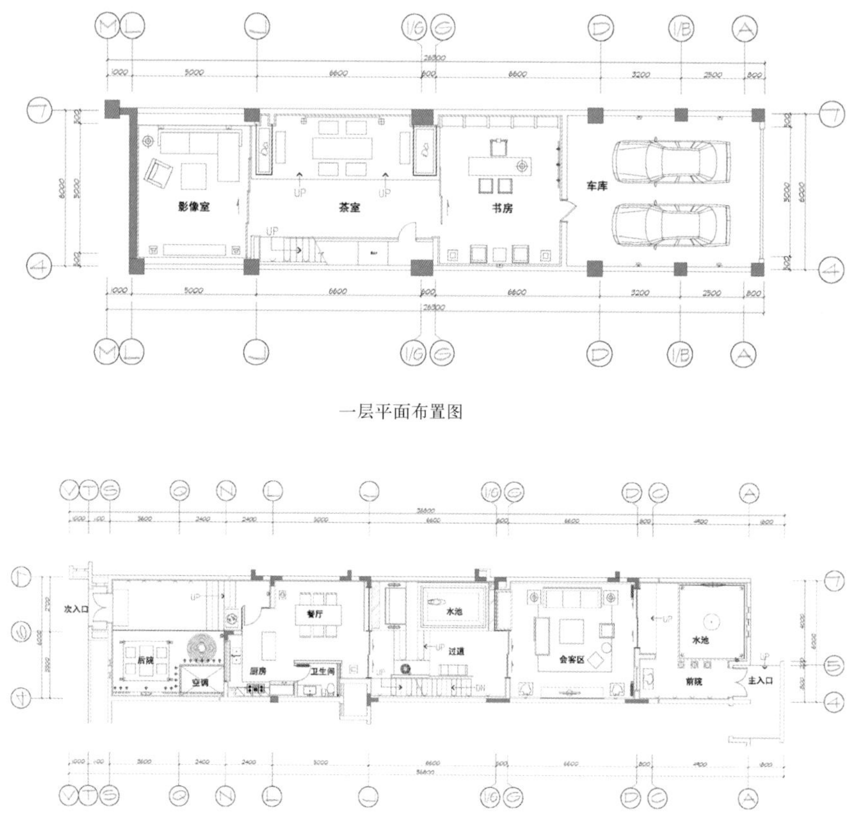


一层平面布置图

二层平面布置图

**主案设计：**
曾冠伟 Zeng Guanwei
**博客：**
http:// 482513.china-designer.com
**公司：**
东方铭冠空间设计机构
**职位：**
设计总监

# 厦门巴厘香墅黄府

# Xiamen Bali Villa Huang's House

## A 项目定位 Design Proposition

这是一个业主直接委托的项目，是一个非样板房的实际居住别墅。基于该项目的实用需求，设计师做足了设计前的沟通工作，在充分满足业主活动功能方面的物理需求的同时亦满足了审美方面的精神需求。

## B 环境风格 Creativity & Aesthetics

该项目的室外庭院面积不大，无法进行真正意义上的修园造景。设计师在庭院规划上将绿化树木作为边界背景来使用，所有的绿树翠竹都要求高过围墙，从视觉上将围墙消弭掉，营造"林"的感觉，意图产生让建筑融入自然的效果。所有的阳台、天台也都设置花池种上灌木、竹子，基本达到开窗见绿。

## C 空间布局 Space Planning

该别墅南北通透、光线充足、空气流通。除了必须围合的卧房、洗手间、储藏间、厨房，设计师将公共空间中可以拆除的隔墙全部打通，功能区域的规划以酒水柜、精品柜、观赏鱼池等一些固定家具来界定，既隔又透，创造了一个开敞的室内外景观交融的现代生活空间。

## D 设计选材 Materials & Cost Effectiveness

设计师用温润的白玉石、沉稳的黑板岩，时尚的黑白马赛克及一块延续所有空间的温暖木饰板，完成了现代简洁、温馨纯粹的空间表演。简单的四种主材演绎出黑白调永不过时的经典。客厅里红色渐变的沙发与窗外郁郁葱葱的绿意遥相呼应，是空间里最精彩的点缀。

## E 使用效果 Fidelity to Client

该项目获得了业主及其社交圈的高度肯定，获得了很好的市场效应。

**Project Name_**
*Xiamen Bali Villa Huang's House*
**Chief Designer_**
*Zeng Guanwei*
**Location_**
*Xiamen Fujian*
**Project Area_**
*500sqm*
**Cost_**
*3,000,000RMB*

**项目名称_**
*厦门巴厘香墅黄府*
**主案设计_**
*曾冠伟*
**项目地点_**
*福建 厦门*
**项目面积_**
*500平方米*
**投资金额_**
*300万元*

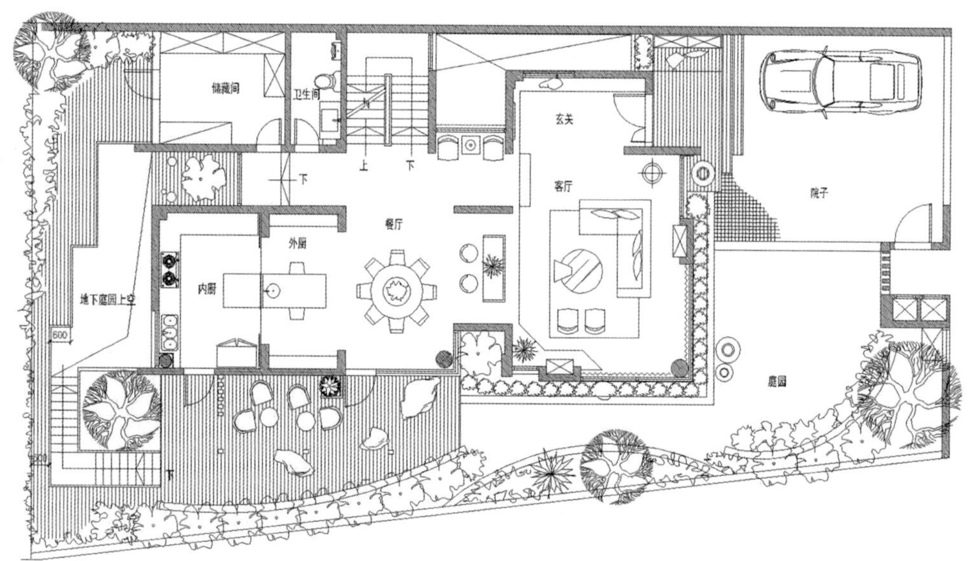


一层平面布置图

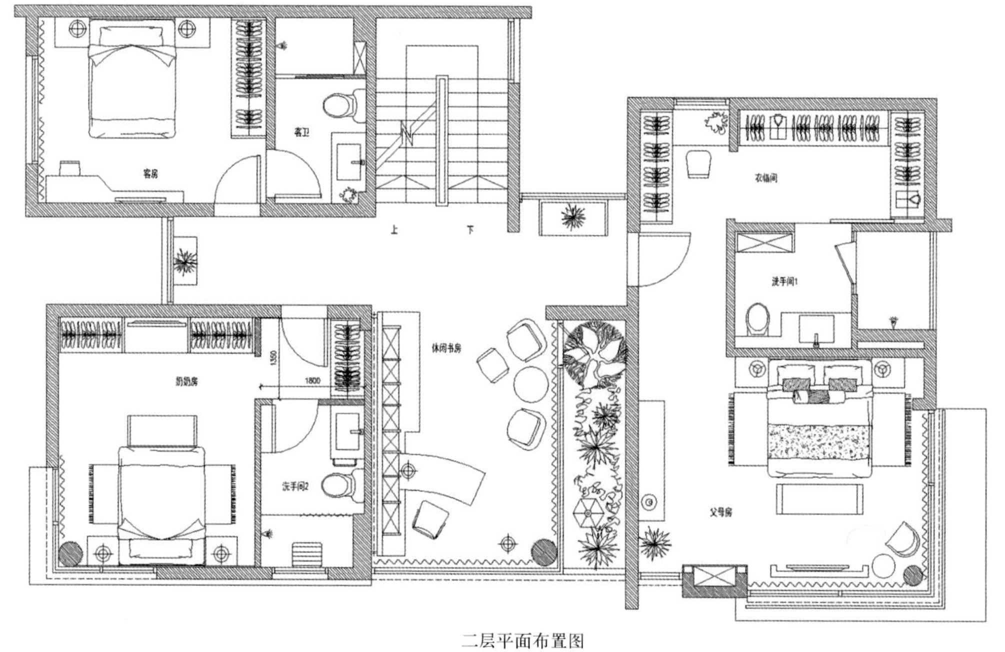


二层平面布置图

**主案设计：**
吴滨 Wu Bin
**博客：**
http://493030.china-designer.com
**公司：**
无间设计
**职位：**
首席设计总监

**奖项：**
2008年受邀加拿大IIDEX/NeoCon室内设计与用品展做主题演讲
2009受邀"惊艳"中国原创家居设计主题展
2010受邀"一间宅"室内设计观念展
2010受邀德国法兰克福家居展
2011《胡润百富》骑士勋章

**项目：**
2009年波特曼上海建业里
2009年星河湾
2010年金地湾流域
2010年天津天地源
2010年飘鹰锦和花园
2010年美兰湖中华园
2011年金地天御

# 杭州悦府空中别墅
# Hangzhou Yuefu Air Villa

## A 项目定位 Design Proposition
项目为杭州顶级楼盘万象城悦府顶级的复式大宅，为开发商保留自用的兼具小型私人会所和招待贵宾住宿用。

## B 环境风格 Creativity & Aesthetics
由于大宅坐落于江南人文气息浓厚的杭州，面向国内外贵宾，所以设计之初便确定了要由东方水墨山水意境融入设计的主题思想。

## C 空间布局 Space Planning
如在客厅中地面如山水画的线条勾勒。墙面上嵌入木作的水晶条变幻的LED灯光和客厅上空的水晶灯饰交相辉映，如流星般的诗意。楼梯转折的墙面朦胧的水墨渲染和极干净的空间处理手法。

## D 设计选材 Materials & Cost Effectiveness
在工艺和材质的选择上又极丰富和细腻：暗哑色的金属和明镜；雅致花纹的白色大理石地面和牛骨装饰的墙面；弹性漆面的深色木作上的木纹毛细孔和LED的灯光；水墨绘画的朦胧和水晶的剔透……

## E 使用效果 Fidelity to Client
好一个用东方文化打造的国际简约奢华风。

**Project Name_**
*Hangzhou Yuefu Air Villa*
**Chief Designer_**
*Wu Bin*
**Location_**
*Hangzhou Zhejiang*
**Project Area_**
*300sqm*
**Cost_**
*2,000,000RMB*

**项目名称_**
*杭州悦府空中别墅*
**主案设计_**
*吴滨*
**项目地点_**
*浙江 杭州*
**项目面积_**
*300平方米*
**投资金额_**
*200万元*

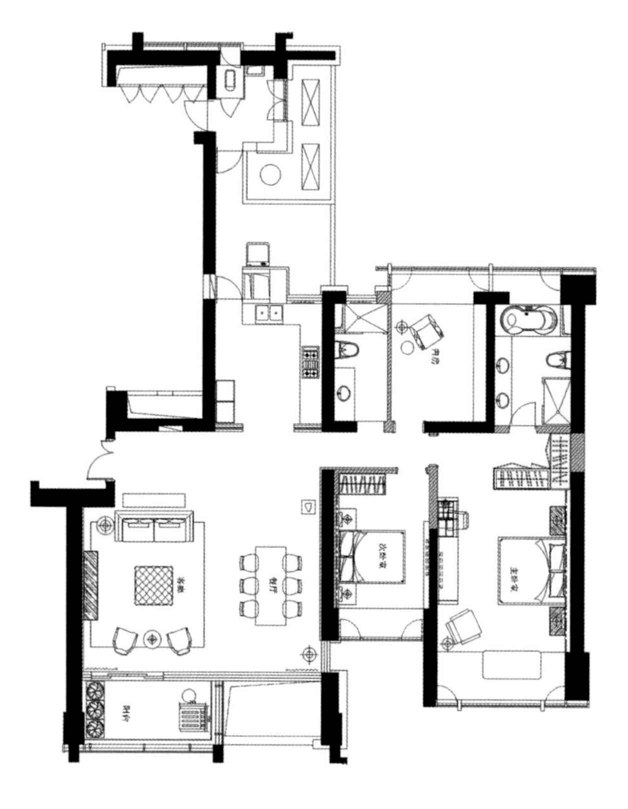

平面布置图

**主案设计：**
陶胜 Tao Sheng
**博客：**
http://793878.china-designer.com
**公司：**
登胜空间设计
**职位：**
创意总监

**奖项：**
2010南京室内设计大奖赛住宅工程类二等奖
2010南京室内设计大奖赛别墅工程类二等奖
2010南京室内设计大奖赛办公工程类三等奖
2010江苏省智能空间室内设计大奖赛一等奖
2010中国室内设计大奖赛住宅工程类优秀奖
2010“欧普•光•空间”全国办公照明设计大赛Top10年度人物奖

**项目：**
圣淘沙花城
市政天元城
揽翠园
龙凤花园
素家

# 秀白
# White Show

## A 项目定位 Design Proposition
本案为一套双拼别墅，建筑面积260平方米。设计要求以人为本，强调主人生活的便利性、舒适性、娱乐性。

## B 环境风格 Creativity & Aesthetics
设计师将整个负一层重新定义，放映室、饮酒区、品茶会客区、保姆房、酒窖，全部被设计进来。

## C 空间布局 Space Planning
功能的丰富与“少即是多”的设计理念并不冲突。

## D 设计选材 Materials & Cost Effectiveness
计师摒弃一切多余的元素，甚至“吝啬”色彩的运用，只在为客户打造一个功能齐全、素净、安逸、以人为本的理想家居。

## E 使用效果 Fidelity to Client
业主非常喜欢。

**Project Name_**
*White Show*
**Chief Designer_**
*Tao Sheng*
**Participate Designer_**
*Shan Tingting*
**Location_**
*Nanjing Jiangsu*
**Project Area_**
*260sqm*
**Cost_**
*500,000RMB*

**项目名称_**
*秀白*
**主案设计_**
*陶胜*
**参与设计师_**
*单婷婷*
**项目地点_**
*江苏 南京*
**项目面积_**
*260平方米*
**投资金额_**
*50万元*

**主案设计：**
林卫平 Lin Weiping
**博客：**
http:// 802815.china-designer.com
**公司：**
宁波西泽装饰设计工程有限公司
**职位：**
总设计师


**奖项：**
2008 "青林湾杯" 家居室内设计大赛金奖
2009中国室内空间环境艺术设计大赛优秀奖
2009第四届 "大金公寓内装设计大赛" 银奖
2009中国风-IAI 亚太室内设计精英邀请赛优秀奖
"海峡杯" 2010年度海峡两岸室内设计大赛银奖

**项目：**
豪华别墅（深圳）
中国创意界（北京）
厨房世界（上海）
宁波装饰（宁波）
宁波设计（宁波）
中国最新顶尖样板房（深圳）

# 宁波阳光茗都
# Ningbo Sun Mingdu

## A 项目定位 Design Proposition
本案以黄、黑调为居室主色调。

## B 环境风格 Creativity & Aesthetics
客厅挑高空间，沙发利用木饰面的块面与不同比例的线条，表达出空间的整体气势。电视背景墙面利用砂岩石天然感与茶镜表面垂感很强的金属珠帘，在享受行云流水般快感的同时有回到大自然的轻松。

## C 空间布局 Space Planning
进入门厅，一面天然橡木饰面墙结合茶色镜面的反射感，在令人感觉到和谐的同时，体味到设计师以低调线条方式提升整体空间的品质。

## D 设计选材 Materials & Cost Effectiveness
在材料的表达上，设计师选配了茶色镜面的硬质与天然木饰面的天然纹理，并结合比例各一的线条形式，让屋主置身其中，享受与室外景色遥相呼应的宁静和谐。

## E 使用效果 Fidelity to Client
业主非常满意。

**Project Name_**
*Ningbo Sun Mingdu*
**Chief Designer_**
*Lin Weiping*
**Location_**
*Ningbo Zhejiang*
**Project Area_**
*260sqm*
**Cost_**
*600,000RMB*

**项目名称_**
*宁波阳光茗都*
**主案设计_**
*林卫平*
**项目地点_**
*浙江 宁波*
**项目面积_**
*260平方米*
**投资金额_**
*60万元*

一层平面布置图

二层平面布置图

**主案设计：**
岳蒙 Yue Meng
**博客：**
http:// 817214.china-designer.com
**公司：**
济南成象设计有限公司
**职位：**
设计总监

# 济南原香溪谷200平米别墅
## The Ji'nan Yuanxiang Xigu 200sqm Villa

**A 项目定位** Design Proposition
满足向往自然、安静、舒适的生活。

**B 环境风格** Creativity & Aesthetics
采用托斯卡纳风格，室内与室外浑然一体。

**C 空间布局** Space Planning
挑空的设计，使空间更通透，有空间感。

**D 设计选材** Materials & Cost Effectiveness
选用天然木质材料较多。

**E 使用效果** Fidelity to Client
获得业主的好评。

**Project Name_**
*The Ji'nan Yuanxiang Xigu 200sqm Villa*
**Chief Designer_**
*Yue Meng*
**Location_**
*Jinan Shandong*
**Project Area_**
*200sqm*
**Cost_**
*1,500,000 RMB*

**项目名称_**
*济南原香溪谷200平米别墅*
**主案设计_**
*岳蒙*
**项目地点_**
*山东 济南*
**项目面积_**
*200平方米*
**投资金额_**
*150万元*

**主案设计：**
岳蒙 Yue Meng
**博客：**
http:// 817214.china-designer.com
**公司：**
济南成象设计有限公司
**职位：**
设计总监

# 济南原香溪谷240平米别墅

## The Ji'nan Yuanxiang Xigu 240sqm Villa

**A 项目定位** Design Proposition
满足向往自然、安静、舒适的生活。

**B 环境风格** Creativity & Aesthetics
采用托斯卡纳风格，室内与室外浑然一体。

**C 空间布局** Space Planning
挑空的设计，使空间更通透，有空间感。

**D 设计选材** Materials & Cost Effectiveness
选用天然木质材料较多。

**E 使用效果** Fidelity to Client
获得业主的好评。

**Project Name_**
*The Ji'nan Yuanxiang Xigu 240sqm Villa*
**Chief Designer_**
*Yue Meng*
**Location_**
*Jinan Shandong*
**Project Area_**
*240sqm*
**Cost_**
*1,500,000 RMB*

**项目名称_**
*济南原香溪谷240平米别墅*
**主案设计_**
*岳蒙*
**项目地点_**
*山东 济南*
**项目面积_**
*240平方米*
**投资金额_**
*150万元*

**主案设计：**
施传峰 Shi Chuanfeng
**博客：**
http://818959.china-designer.com
**公司：**
福州宽北装饰设计有限公司
**职位：**
首席设计师

**奖项：**
中国建筑学会室内设计分会设计师
喜盈门杯首届福建省家居设计大赛佳作奖
2000年“融侨东区”杯装饰设计大赛二等奖
2000-2001年，曾多次在东南快报和置业周刊上刊登设计作品
2009“瑞丽•美的中央空调”全国家居设计大赛三等奖

**项目：**
枫丹白鹭
康居康园
回归
桂湖云庭

# 灰墙完美
# Perfect Plaster

## A 项目定位 Design Proposition
复式结构的房子，除客厅、餐厅、厨房以及卫生间外另外安排了两个卧室、一个书房，一个更衣室，外加一个储藏间，这些使用功能是根据业主夫妇俩的要求安排的。

## B 环境风格 Creativity & Aesthetics
由于只需两个卧室所以客厅上空空着没有加楼板，直达6米的高度使整个空间看起来顿显大气。整套色调以灰白为主，现代风格的干净、简练显露无遗。楼梯位保留原位没有做改动，以全透明的清玻作为楼梯护栏，简洁的同时使视线得以延伸，再一次显出了空间的通透。

## C 空间布局 Space Planning
室内家具是以黑色为主的深色系，与整个空间搭配协调。黑色的皮沙发传达给人的舒适感觉让人无法抵挡坐下去的诱惑。造型简洁的银色大吊灯高高垂下来，为这挑高的空间增添了几分现代的奢华。

## D 设计选材 Materials & Cost Effectiveness
这里真的要特别说一下业主从设计到施工到后期挑选家具这些整个过程真的是挺配合的，并且她自己本身也蛮有品位的，通常我们的看法能达到一致，所以现在看来整个装修完毕后效果基本是达到的，与设计没有什么大的出入。

## E 使用效果 Fidelity to Client
女主人以她惯有的热情招呼着我们，让人在这阴冷天里顿生温暖。随即摄影师一边拍照的同时我们闲聊了起来，言谈中能够感受到她对这个新家的满意和喜爱，这让我们感到欣慰。

**Project Name_**
*Perfect Plaster*
**Chief Designer_**
*Shi Chuanfeng*
**Participate Designer_**
*Xu Na*
**Location_**
*Fuzhou Fujian*
**Project Area_**
*203sqm*
**Cost_**
*280,000RMB*

**项目名称_**
*灰墙完美*
**主案设计_**
*施传峰*
**参与设计师_**
*许娜*
**项目地点_**
*福建 福州*
**项目面积_**
*203平方米*
**投资金额_**
*28万元*

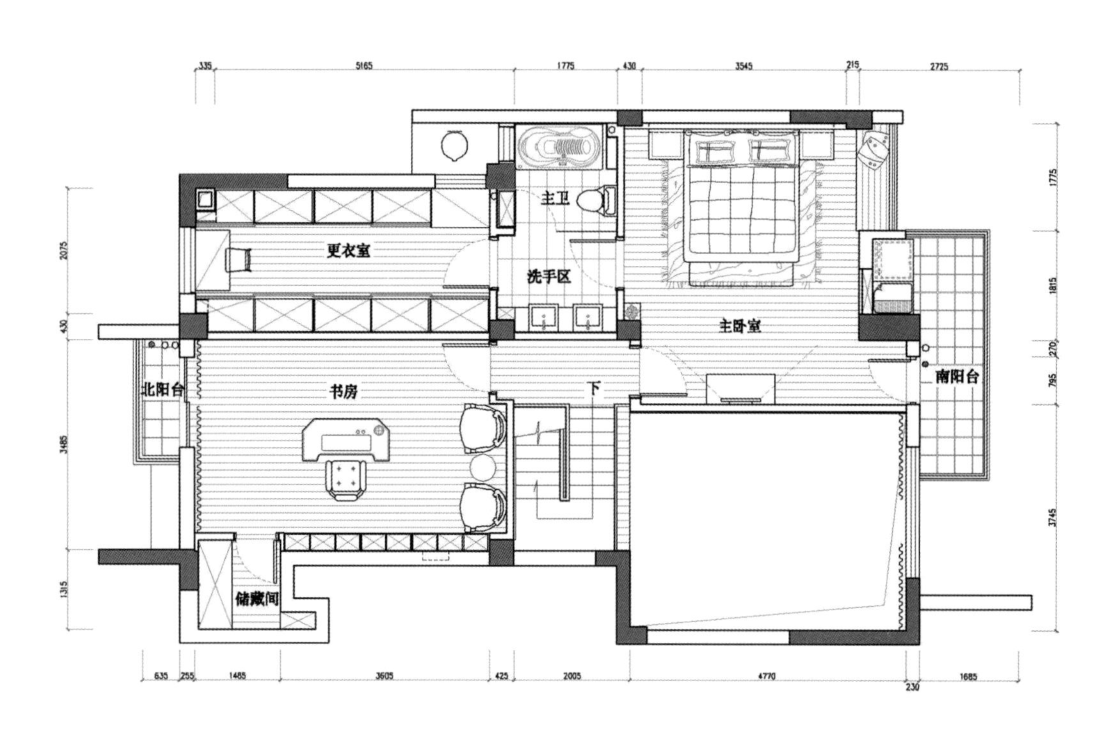


二层平面布置图

VAIO

5500
1775
415
3560
430
2545
1080
2260
3725
1310
1785
1825
4810
客卫
厨房
洗手区
次卧室
入户花园
餐厅
上
客厅
南阳台
2900
265
3375
420
2010
4770
230
1685

一层平面布置图

**主案设计：**
李丹 Li Dan
**博客：**
http://821574.china-designer.com
**公司：**
湖南自在天装饰公司李丹工作室
**职位：**
首席设计师

**奖项：**

2010年"尚高杯"获住宅、别墅、公寓类二等奖

2010年湖南省室内设计大赛家居实例类银奖

2011年新中源杯亚洲室内设计大赛中国区选拔赛优胜奖

2011年新中源杯亚洲室内设计大赛铜奖

**项目：**

长沙好望谷别墅
长沙湘江一号别墅
长沙同升湖别墅
株洲时代雅园别墅
长沙骏豪花园别墅
长沙水云间别墅
长沙山水芙蓉别墅
长沙梦泽园别墅
株洲珠江花园别墅
郴州龙庭别墅

# 一切与一切的记忆

# With All The Memories

## A 项目定位 Design Proposition

面对自然，想安定下来，造一个和谐的家；只是态度谦卑当然不够，在创作的彩墨之间也不能只是惜墨，收放之间必须坐着多重的思量：必须向内发现，向深处发展。

## B 环境风格 Creativity & Aesthetics

设计时运用了重叠、错离、融合等构成技巧，虽清简刚强，但亦有小荷才露尖尖角之态美，也有宛溪垂柳最长枝，曾被春风尽日吹之动态美，还有山气日夕佳，飞鸟相与还之意境 。

## C 空间布局 Space Planning

原来是一种精粹后的凡俗，也正是这种凡俗可以翻译璞真自然里所隐的贵气大派。因为小中见大，一中见全，意之所至，一也就可以是一切了。

## D 设计选材 Materials & Cost Effectiveness

雅士白，莎安娜米黄，手绘画，橡木，白漆，铁艺，马赛克。

## E 使用效果 Fidelity to Client

业主非常满意。

**Project Name_**
*With All The Memories*
**Chief Designer_**
*Li Dan*
**Participate Designer_**
*Huang Miao*
**Location_**
*Changsha Hunan*
**Project Area_**
*300sqm*
**Cost_**
*400,000RMB*

**项目名称_**
*一切与一切的记忆*
**主案设计_**
*李丹*
**参与设计师_**
*黄淼*
**项目地点_**
*湖南 长沙*
**项目面积_**
*300平方米*
**投资金额_**
*40万元*

一层平面布置图

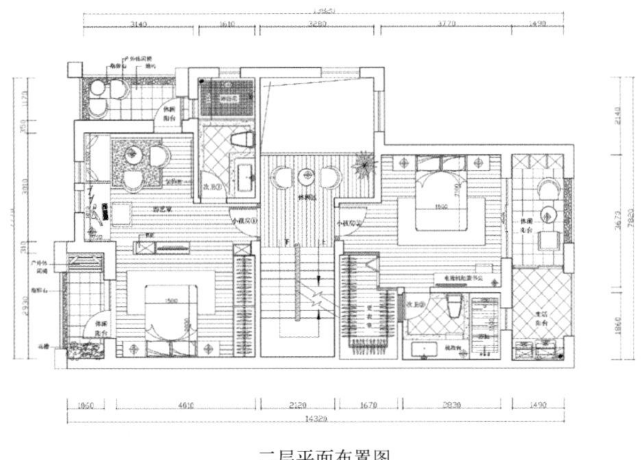

二层平面布置图

**主案设计：**
闫敬 Yan Jing
**博客：**
http:// 165042.china-designer.com
**公司：**
安徽东方御品装饰
**职位：**
首席设计师

**项目：**
豪斯服饰工厂
中都大酒店
庆祥斋火锅
一诺礼品公司
香樟假日宾馆
四季花都售楼部
飞机场-天瑞休息厅
网民部落网络会所
俊杰电玩
紫晶城售楼处
金色华府售楼处

# 安徽阜阳电力名园翠竹苑

# Anhui Fuyang Power Garden - Cuizhu Yuan

## A 项目定位 Design Proposition

80后的业主要求在家能感受到与在外面生活的功能性，使用性，敞开式书房，视听间，圆形床就是诠释。

## B 环境风格 Creativity & Aesthetics

运用材料和造型的新颖搭配，勾画出此房型个性。

## C 空间布局 Space Planning

利用中空，把电视背景和沙发背景弧形连接，加上墙材的视觉冲击。敞开式厨房与餐厅使跃层更一体。

## D 设计选材 Materials & Cost Effectiveness

墙材，玻璃，灯饰的组装，都更多考虑色彩。

## E 使用效果 Fidelity to Client

很满意，每个空间都让人感觉到创意改变生活。

**Project Name_**
*Anhui Fuyang Power Garden - Cuizhu Yuan*
**Chief Designer_**
*Yan Jing*
**Location_**
*Fuyang Anhui*
**Project Area_**
*220sqm*
**Cost_**
*880,000RMB*

**项目名称_**
*安徽阜阳电力名园翠竹苑*
**主案设计_**
*闫敬*
**项目地点_**
*安徽 阜阳*
**项目面积_**
*220平方米*
**投资金额_**
*88万元*

DETAILS
CHINA ANNUAL

**主案设计:**
赵云 Zhao Yun
**博客:**
http://167597.china-designer.com
**公司:**
昆明市中策装饰有限公司
**职位:**
设计总监


**奖项:**
2005年荣获全国优秀设计师称号
**项目:**
马可波罗半岛别墅
滇池时光
滇池卫城
同德极少墅
世博生态城广福小区
时光俊园

# 昆明世林国际别墅
# Kunming Shi-Lin International Villa

## A 项目定位 Design Proposition
这套房子属于郊区别墅，业主是用来度假休闲用的，三口之家，业主比较好客，亲朋好友偶尔会过来，周末、节假日的时候家里人都聚到这里，种植一些原生态的食物、水果，可以供自己使用，客户要求整体风格休闲舒适，有农家别墅感觉。

## B 环境风格 Creativity & Aesthetics
整体于自然古典风格形式贯穿整体。

## C 空间布局 Space Planning
客厅楼梯拆除后，扩大客厅的空间面，使整体更大气；厨房与储物间打开，做为半敞开式厨房，增加空间的层次感； 设有独立的健身房、休闲的起居室及娱乐室，增加整体居家舒适性； 三层的为主卧的私密空间，扩大衣帽间满足女主人的收纳空间需求;书房与露台花园融合在一起。

## D 设计选材 Materials & Cost Effectiveness
整体于自然古典风格形式贯穿整体，以原木为基层，自然的淡绿色为格调，客厅、餐厅地面采用进口地砖，颜色自然大方，散发出古朴之美，搭配地中海风格的家具有一种返璞归真、通透而不失那一份雅致，自然的光线采集，为整体空间引入了户外感。配饰加入一点红和绿的植物做为点缀，营造了纯朴轻松的环境。

## E 使用效果 Fidelity to Client
取材天然的材料方案，来体现向往自然、亲近自然、感受自然的生活情趣。

**Project Name_**
*Kunming Shi-Lin International Villa*
**Chief Designer_**
*Zhao Yun*
**Location_**
*Kunming Yunnan*
**Project Area_**
*300sqm*
**Cost_**
*1,180,000 RMB*

**项目名称_**
*昆明世林国际别墅*
**主案设计_**
*赵云*
**项目地点_**
*云南 昆明*
**项目面积_**
*300平方米*
**投资金额_**
*118万元*

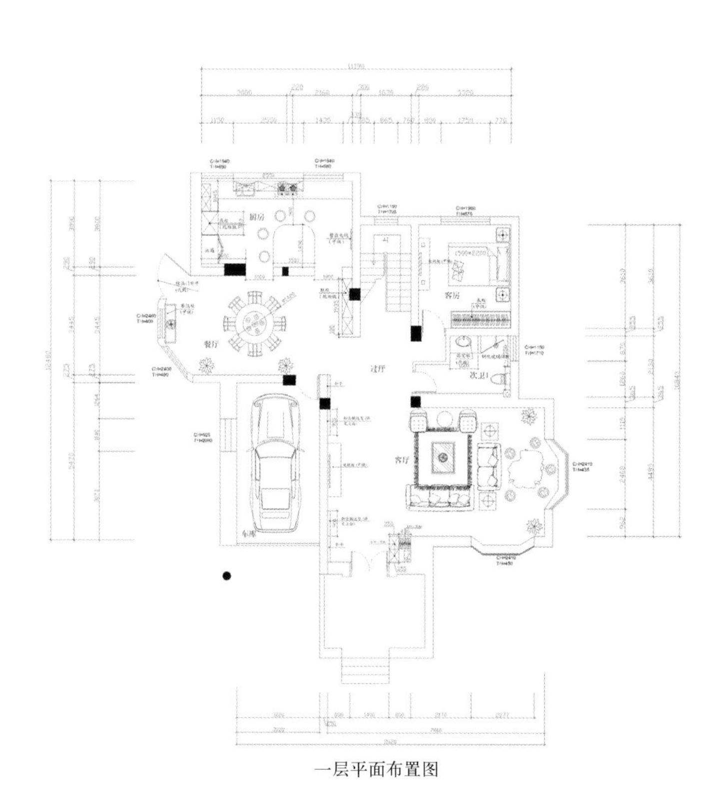
一层平面布置图

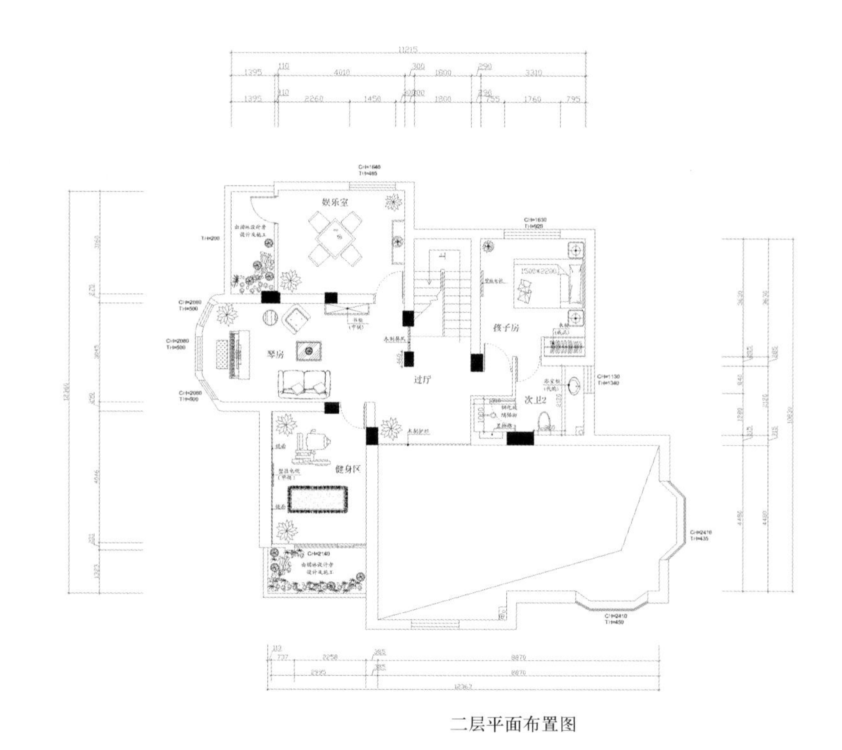
二层平面布置图

**主案设计：**
宋旭文 Song Xuwen
**博客：**
http://174832.china-designer.com
**公司：**
白沟圣唐装饰工程有限公司
**职位：**
总设计师

**奖项：**
2004年多项作品入围"华耐杯"中国室内设计大奖赛，作品"旺顺金阁"获得中国室内设计大赛佳作奖
2008年获得"金色家园杯"保定建筑设计最佳设计奖和优秀设计奖
**项目：**
旺顺金阁
西域鹏程
亢龙地产
乐园岛
鑫城售楼中心
美鲜美可
春光缝制设备专行
绿叶客栈
保定厅

# 钻石家园
# Diamond Home

## A 项目定位 Design Proposition
本案以纯白色为主调，配优雅色系如银影皮白及珍珠白，配合典雅的进口大理石点缀，自然的设计理念融入新古典风。

## B 环境风格 Creativity & Aesthetics
楼梯采用中国的风水概念，以柔化刚、化繁为简的处理手法。以简洁的布局打造生态和谐的生态空间。有亮白透银蓝纹理进口非洲石材，点化出空间的灵魂，在晶莹的贝壳水晶灯下水晶丝绒柔软梳化，配合雅洁精巧的茶几，线条优美的白色餐桌描绘醉红色的北欧童话般的森林图案。

## C 空间布局 Space Planning
实与虚之间的不断对话，卷草纹花饰，让灯光自然生长，把不规则的空间和不同功能的空间融为一体，闪烁不绝的特色墙纸突出了优雅的女性化的线条图案玻璃蚀花的欧式图案，小珠串联的珠帘，富有心思的希腊女神肖像挂画及雕塑位于客厅及卧室的焦点位置，隐约显露她的内在美。

## D 设计选材 Materials & Cost Effectiveness
设计师精选线条优雅的家具，带点儿淡淡的书卷气息，舒适的感觉悠然而生。

## E 使用效果 Fidelity to Client
逃脱原有的生活模式，重新描画出符合现代自然精神的下一代生活空间。

**Project Name_**
*Diamond Home*
**Chief Designer_**
*Song Xuwen*
**Participate Designer_**
*Zhang Kun , Yang Guang*
**Location_**
*Baoding Hebei*
**Project Area_**
*335sqm*
**Cost_**
*370,000RMB*

**项目名称_**
*钻石家园*
**主案设计_**
*宋旭文*
**参与设计师_**
*张昆、杨光*
**项目地点_**
*河北 保定*
**项目面积_**
*335平方米*
**投资金额_**
*37万元*

**主案设计：**
余世民 Yu Shimin
**博客：**
http:// 369157.china-designer.com
**公司：**
个人
**职位：**
独立设计师

**项目：**
爱建园二期样板间
同润 圣塔路斯二期 B2、C3样板间
同润 菲诗艾伦 G1、J1样板间
同润加州售楼处、样板间
沿海丽水馨庭
沿海丽水华庭
复地北桥城
金地湾流域
九亭英国会
万源城
一品漫城
和平集团酒店宴会厅酒店标房
秦皇岛上海办事处
松江新桥场中居委会
松江新桥社保中心

# 上海圣塔路斯
# Shanghai Santa Luis

## A 项目定位 Design Proposition

本案坐落于上海松江佘山板块，虽说是套独栋的别墅，但面积并不算大。业主是事业成功的中年夫妇，本设计在结合他们的年龄层次和品位，以稳重的色系而又不失文化底蕴的风格来彰显他们对生活的要求。

## B 环境风格 Creativity & Aesthetics

该建筑风格是美式南加州风格，有海归背景的业主的角度对这一风格情有独钟，在室内设计中也结合了建筑外观的风格，让业主有沐浴在加州阳光下的感觉。

## C 空间布局 Space Planning

该案例空间上比较紧凑，设计中除了要考虑业主功能性要求外，对整个空间结构上做了些调整，让空间显得更加有层次感，稳重而大气。

## D 设计选材 Materials & Cost Effectiveness

设计在材料上运用了南加州风格特有的装饰元素。墙面上选用了艺术漆和壁纸，结合些松木梁，腐蚀面大理石等材料，着重表现这一风格带来的粗犷稳重的文化韵味。

## E 使用效果 Fidelity to Client

结合了业主的品味和功能性上的要求，业主非常满意。

**Project Name_**
*Shanghai Santa Luis*
**Chief Designer_**
*Yu Shimin*
**Location_**
*Songjiang District Shanghai*
**Project Area_**
*278sqm*
**Cost_**
*800,000RMB*

**项目名称_**
*上海圣塔路斯*
**主案设计_**
*余世民*
**项目地点_**
*上海 松江*
**项目面积_**
*278平方米*
**投资金额_**
*80万元*

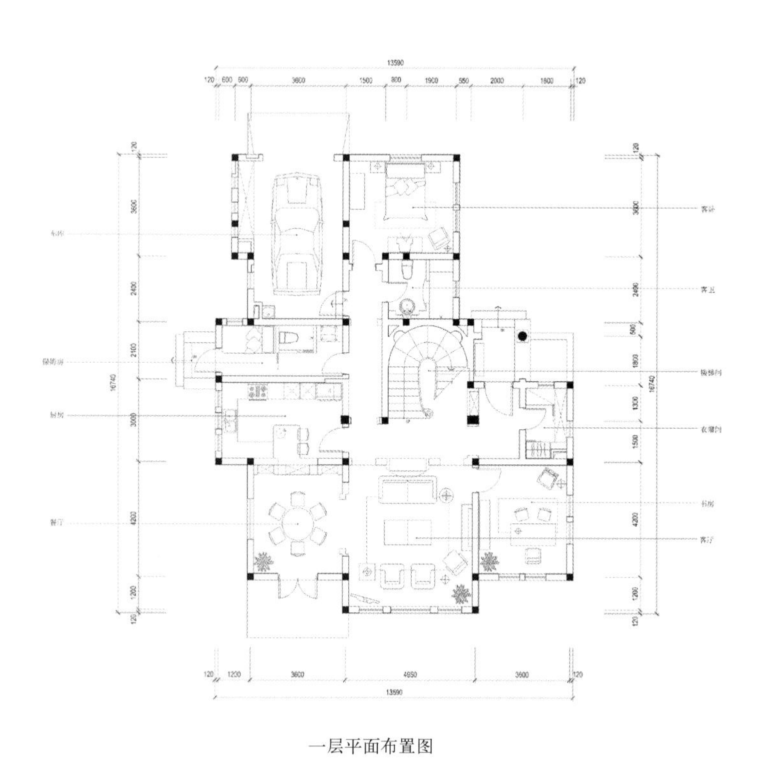

一层平面布置图

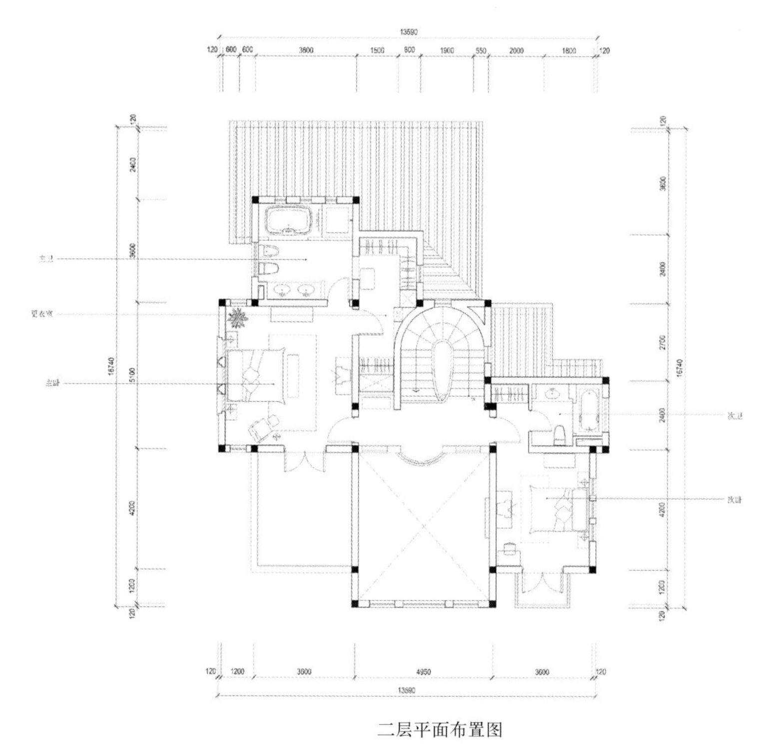

二层平面布置图

**主案设计：**
曾承焜 Zeng Chengkun
**博客：**
http://471561.china-designer.com
**公司：**
广州市承焜装饰工程有限公司
**职位：**
创办人


**奖项：**
中国建筑装饰协会高级室内建筑师，资深室内设计师
2009年度羊城十大优秀室内设计师
2009年度中国百杰室内设计师
2009年度中国室内环境艺术设计师
2010金堂奖•CHINA-DESIGNER中国室内设计年度评选
2011年度中国(上海)国际建筑及室内设计节，金外滩奖

**项目：**
新达城酒店
广州电子大厦
祈福华厦酒店
香港健新广场
富豪山庄第二期示范单位及会所餐厅
广州东风广场

# 广州凯旋会
# Guangzhou Triumph Will

## A 项目定位 Design Proposition
在今天繁忙的都市生活中，我们追求的梦想之家应包含开阔的视觉空间，自然的色彩效果，内敛的装饰细节。而本项目正是试图实现这种充满东方人文智慧的诗意居庭。

## B 环境风格 Creativity & Aesthetics
进入玄关，顺着地面特色石材的引导，迎面一趟特别屏风映入眼帘，抽象的中式元素如一组祥云，又如一组赏石，笑迎来访的宾客。

## C 空间布局 Space Planning
客厅采用了典雅西式设计，但主背墙上的曲线造型更像行云流水，透过黑镜的折射，一江珠水尽入厅内，让你心境豁然开朗，将趟门改为折叠门，那就将阳台的空间也融为一体，丝丝轻风，一目绿意扑入怀内。

## D 设计选材 Materials & Cost Effectiveness
餐厅地面与墙身都采用同一种石材，更简洁明快，大理石的餐台配上贴了银铂的餐椅，平实中透露贵气，旁边的一组酒吧，玻璃的轻，石材的重，皮革的柔，铜板的暖使一室的焦点都集中于此。复式的大厅让餐厅享有高耸的天花，一组大型的水晶吊灯在抽象的片片蕉叶中垂下，不经意地让你的思绪回到了岭南。

## E 使用效果 Fidelity to Client
回归生活的本质，回归自然的纯朴，回归个性的随意，让家居更加恬适，慢慢散发着岭南人做人哲学的光芒，平静中有自在天地。

**Project Name_**
*Guangzhou Triumph Will*
**Chief Designer_**
*Zeng Chengkun*
**Participate Designer_**
*Han Song , Zeng Fanchang , Chen Guangyuan*
**Location_**
*Guangzhou Guangdong*
**Project Area_**
*450sqm*
**Cost_**
*3,000,000RMB*

**项目名称_**
*广州凯旋会*
**主案设计_**
*曾承焜*
**参与设计师_**
*韩松、曾凡昌、陈广源*
**项目地点_**
*广东 广州*
**项目面积_**
*450平方米*
**投资金额_**
*300万元*

**主案设计：**
吴喜腾 Wu Xiteng
**博客：**
http://1399.china-designer.com
**公司：**
北京吴喜腾建筑装饰设计事务所
**职位：**
首席设计师

**职称：**
中国室内装饰协会专业会员
高级室内设计师
IFI国际室内设计师/室内建筑师联盟会员

**奖项：**
北京东方润邦科技有限公司小汤山厂区
——获2003-2004年全国商业空间设计大奖赛优秀作品奖
山西移动通信有限公司晋祠培训楼改造
——获第六届中国室内设计双年展铜奖

**项目：**
吉林省长白山宾馆改造
北京安贞华联内衣专卖场
天津溏沽天冠麟洗浴中心
中国科学院长春应用化学研究所实验大楼
北京中关嘉园办公室样板间、湖南红星大酒店

# 北京竹溪园别墅
# Beijing Zhuxi Garden Villa

A **项目定位** Design Proposition
在满足正常居住需求的基础上，充分提高业主的身份地位。

B **环境风格** Creativity & Aesthetics
把握美式风格的设计思想，以独特自我的手法诠释之。

C **空间布局** Space Planning
空间功能分区明确，自下向上，从客到主，从动到静。地下一层为娱乐活动区，首为居住生活区，二层为业主睡眠区，三层为集合了主人各项个性需求的私人活动及收藏区。

D **设计选材** Materials & Cost Effectiveness
木地板上镶嵌花砖。

E **使用效果** Fidelity to Client
提高生活品质，得到朋友们羡慕的眼光。

**Project Name_**
*Beijing Zhuxi Garden Villa*
**Chief Designer_**
*Wu Xiteng*
**Participate Designer_**
*Xu Lijun*
**Location_**
*Haidian District Beijing*
**Project Area_**
*500sqm*
**Cost_**
*2500,000RMB*

**项目名称_**
*北京竹溪园别墅*
**主案设计_**
*吴喜腾*
**参与设计师_**
*徐立军*
**项目地点_**
*北京 海淀*
**项目面积_**
*500平方米*
**投资金额_**
*250万元*

平面布置图

**主案设计：**
区伟勤 Ou Weiqin
**博客：**
http://500807.china-designer.com
**公司：**
广州市韦格斯杨设计有限公司
**职位：**
执行董事、总经理

**奖项：**
2011年度广州建筑装饰行业协会“杰出建筑装饰设计师”
第四届广州建筑装饰设计大赛-住宅空间“靓家居杯”优秀奖
第四届广州建筑装饰设计大赛-会展空间“美穗GRC杯”优秀奖

**项目：**
江西南昌红谷置业红谷天地办公室
武汉拉菲中央首席官邸A
珠海中信湾6-1-01
湖南长沙佳兆业水岸新都售楼部
彩色中国60年（上海、成都站巡展）
清华科技园广州创新基地A1栋研发楼
保利中宇现代广场售楼部

# 珠海中信红树湾别墅
# Zhuhai Citic Mangrove Bay Villa

## A 项目定位 Design Proposition
本联排别墅间隔方阵，采用中空采光天井，空间流通互动，动静风格适宜，是滨海少有的高端户业。

## B 环境风格 Creativity & Aesthetics
采用现代的设计手法，用色清新脱俗，形体轻松优雅。

## C 空间布局 Space Planning
室内设计师充分理解原建筑设计的空间理念，在原建筑的基础上做了提升突破，红酒吧、健身室、SPA、阳光花房等设施的布置，提升物业的档次。

## D 设计选材 Materials & Cost Effectiveness
选料高档新颖，充分体现高端物业的稀缺与奢华。

## E 使用效果 Fidelity to Client
业主居住舒适，满意。

**Project Name_**
*Zhuhai Citic Mangrove Bay Villa*
**Chief Designer_**
*Ou Weiqin*
**Participate Designer_**
*Yang Renjun*
**Location_**
*Zhuhai Guangdong*
**Project Area_**
*352sqm*
**Cost_**
*2,100,000RMB*

**项目名称_**
*珠海中信红树湾别墅*
**主案设计_**
*区伟勤*
**参与设计师_**
*杨任钧*
**项目地点_**
*广东 珠海*
**项目面积_**
*352平方米*
**投资金额_**
*210万元*

**主案设计：**
武俊文 Wu Junwen
**博客：**
http:// 508440.china-designer.com
**公司：**
山西满堂红装饰有限公司
**职位：**
首席设计师

**奖项：**
2010年《地质灾害区居民改造和重建》荣获"尚高杯"IFI中国室内设计大赛二等奖
2010年《家中世界》（实景）山西室内设计大赛家居工程类 二等奖
2010年《归真亲土》荣获第八届中国国际室内设计双年展大奖赛金奖

**项目：**
鳞鳞居大厦
山西平陆黄河文化家庭驿站
龙观天下别墅群
半山别墅群
五龙湾别墅群
千禧学府苑
华宇绿洲复式

# 太原半山别墅86号
# Taiyuan Villa No. 86

**A 项目定位** Design Proposition
任何一个角落都是身心最好的栖息地。

**B 环境风格** Creativity & Aesthetics
风格奢华浪漫又不失轻松愉悦的格调。

**C 空间布局** Space Planning
为了达到理想的效果我们对设计细节反复推敲，灵活调整，使整个空间显得优雅宁静。

**D 设计选材** Materials & Cost Effectiveness
水晶灯搭配壁纸显得优雅宁静，石材和皮质家具的完美结合，烘托出了空间的高贵奢华。

**E 使用效果** Fidelity to Client
在属于自己的空间里，享受一种高雅细致的生活。

**Project Name_**
*Taiyuan Villa No. 86*
**Chief Designer_**
*Wu Junwen*
**Location_**
*Taiyuan Shanxi*
**Project Area_**
*320sqm*
**Cost_**
*1,800,000RMB*

**项目名称_**
*太原半山别墅86号*
**主案设计**
*武俊文*
**项目地点_**
*山西 太原*
**项目面积_**
*320平方米*
**投资金额_**
*180万元*

一层平面布置图

SIEMENS

**主案设计：**
官艺 Guan Yi
**博客：**
http:// 18043.china-designer.com
**公司：**
苏州绿松石室内设计工作室
**职位：**
设计总监

**项目：**
江苏太仓通达大厦
太仓波斯猫酒吧
太仓金碧辉煌娱乐城
苏州奥智机电设备有限公司办公楼
江苏边防总队海警一中队办公楼
山东济南绿怡酒店
山东滨州交通局别墅
济南军区招待所套房
济南千佛山商业
济南浅水湾售楼处
济南蓝翔技校外观
济宁泗水胜源安山度假村

# 清木浅禅
# Qingmuqianchan

## A 项目定位 Design Proposition
设计师通过屋主的着装态度，用开放的设计手法为屋主定制出与她衣着态度相符的居住空间，其间与自然造化的相宜，关爱清净生活的自我愉悦，在邂逅之间，感悟生机的美好。

## B 环境风格 Creativity & Aesthetics
简约风格的居室中，设计师将大自然元素抽象化，巧妙地运用在空间里的每个细节处。

## C 空间布局 Space Planning
空灵是一种状态，减去不必有的遮盖。反射入眼中即是旷达通透。

## D 设计选材 Materials & Cost Effectiveness
而白橡木材质的地面、天花板既四面背景墙，更是用同一种材质强调了六面体的设计概念，巧妙地做了遥相呼应。玄关处的白色地砖与卫浴间和厨房选用了同一种产品，为了让卫浴间的墙面看起来更有紧密感，设计师将砖面规格重新加工，用长方形的拼贴营造出不一样的视觉感。

## E 使用效果 Fidelity to Client
大宅不像小户，不需要精打细算，将每个角落都顾虑到位，适当地浪费一些空间用来留白或是造景，反而能够为居室营造出良好的节奏感。

**Project Name_**
*qingmuqianchan*
**Chief Designer_**
*Guan Yi*
**Location_**
*Suzhou Jiangsu*
**Project Area_**
*300sqm*
**Cost_**
*1,000,000RMB*

**项目名称_**
*清木浅禅*
**主案设计_**
*官艺*
**项目地点_**
*江苏 苏州*
**项目面积_**
*300平方米*
**投资金额_**
*100万元*

**主案设计：**
官艺 Guan Yi
**博客：**
http:// 18043.china-designer.com
**公司：**
苏州绿松石室内设计工作室
**职位：**
设计总监

**项目：**
江苏太仓通达大厦
太仓波斯猫酒吧
太仓金碧辉煌娱乐城
苏州奥智机电设备有限公司办公楼
江苏边防总队海警一中队办公楼
山东济南绿怡酒店
山东滨州交通局别墅
济南军区招待所套房
济南千佛山商业
济南浅水湾售楼处
济南蓝翔技校外观
济宁泗水胜源安山度假村

# 巢
# Nest

## A 项目定位 Design Proposition

这次设计的主题是"巢"，所以无论是蜂巢还是鸟巢的意象，表达的都是"巢"的概念。女主人是公务员，男主人有自己的公司，平时工作都很忙，只有晚上才能碰面，家对于他们来说更是感情的港湾。

## B 环境风格 Creativity & Aesthetics

由于整个设计是围绕"巢"的主题来进行的，所以室内很多部分都体现了这一主题，客厅吊顶和柜子上的蜂巢造型，进门玄关墙上的树枝和小鸟的图案，楼梯边石子上放置的荔枝木枝和铜鸟摆设等等。

## C 空间布局 Space Planning

对空间原有楼梯进行了改造，使整个空间更加通畅。

## D 设计选材 Materials & Cost Effectiveness

浅斑马木门板搭配黑色聚酯漆门套的设计视觉上更具冲击力。

## E 使用效果 Fidelity to Client

现代简约+ART DECO风格。

**Project Name_**
*Nest*
**Chief Designer_**
*Guan Yi*
**Location_**
*Suzhou Jiangsu*
**Project Area_**
*300sqm*
**Cost_**
*1,000,000RMB*

**项目名称_**
*巢*
**主案设计_**
*官艺*
**项目地点_**
*江苏 苏州*
**项目面积_**
*300平方米*
**投资金额_**
*100万元*

interior

**主案设计**：
李敏堃 Li Minkun
**博客**：
http:// 807312.china-designer.com
**公司**：
尚美设计装饰有限公司
**职位**：
总设计师

**项目**：
赋室内空间以精神
行云流水之尚美家居
东方古朴
天人合一
纯粹
古今缘
在水中央
归恬雅筑

# 东莞映湖山庄花园
# Dongguan Ying Lake Villa Garden

## A 项目定位 Design Proposition
业主作为一位成功人士，喜欢从自然和人文中寻找无穷的能量、收藏生活中的点点滴滴。崇尚自然、寻求回归人类本性的人居环境。

## B 环境风格 Creativity & Aesthetics
本案通过中国的写意精神和艺术陈设，从两个方面诠释别墅设计，人居空间环境人文精神的体现，从中找到和谐与平衡……

## C 空间布局 Space Planning
本案在空间的界面、框架和框架之间，运用大量留白的空间。将中国的园艺、陶艺、茶艺、木艺、石艺运用在室内的各个空间和场景中。家就是舞台、艺术就是生活。

## D 设计选材 Materials & Cost Effectiveness
用温润的原木及纹理丰富的石材，勾画出空间的点、线、面。

## E 使用效果 Fidelity to Client
整个空间唯美的线条简约而不简单；现代的界面空灵而震撼，写意精神展现无遗……

**Project Name_**
*Dongguan Ying Lake Villa Garden*
**Chief Designer_**
*Li Minkun*
**Location_**
*Dongguan Guangdong*
**Project Area_**
*800sqm*
**Cost_**
*6,000,000RMB*

**项目名称_**
*东莞映湖山庄花园*
**主案设计_**
*李敏堃*
**项目地点_**
*广东 东莞*
**项目面积_**
*800平方米*
**投资金额_**
*600万元*

**主案设计：**
林小真 Lin Xiaozhen
**博客：**
http:// 468252.china-designer.com
**公司：**
厦门凡城设计有限公司
**职位：**
设计总监

**项目：**
西湖豪庭别墅
萤火虫集团总部办公
盛世领墅售楼处

# 泉州西湖豪庭别墅
# Quanzhou West Lake Villa

**A 项目定位** Design Proposition
现代，简约，低奢的生活方式从这里开始。

**B 环境风格** Creativity & Aesthetics
面向美丽的湖边上，以特大窗户把自然的光线与凉风带入空间内，将窗外的迷人景色注入宁静的空间，户内外化成一体，怡人景色尽收眼帘。

**C 空间布局** Space Planning
几何造型，直线条设计干净，利落。

**D 设计选材** Materials & Cost Effectiveness
洞石反搭配暖色基调散发出高雅、脱俗、自然的气质，以黑白皮毛对比显得典雅高贵。

**E 使用效果** Fidelity to Client
整个空间营造出一种现代简约、低奢的生活感觉。

**Project Name_**
*Quanzhou West Lake Villa*
**Chief Designer_**
*Lin Xiaozhen*
**Location_**
*Quanzhou Fujian*
**Project Area_**
*500sqm*
**Cost_**
*10,000,000RMB*

**项目名称_**
*泉州西湖豪庭别墅*
**主案设计_**
*林小真*
**项目地点_**
*福建 泉州*
**项目面积_**
*500平方米*
**投资金额_**
*1000万元*

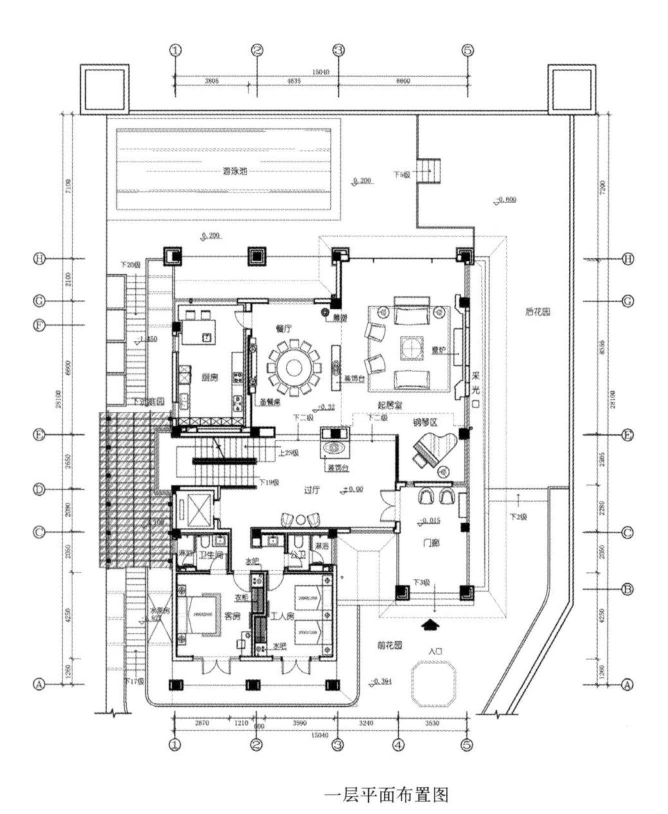

一层平面布置图

**主案设计：**
朱娟娟 Zhu Juanjuan
**博客：**
http:// 811989.china-designer.com
**公司：**
上海鸿澜装饰设计工程有限公司
**职位：**
设计总监

# 湖畔温情
# Warm Lake

**A 项目定位** Design Proposition
三代同堂。

**B 环境风格** Creativity & Aesthetics
白色基调搭配温暖木色的主色调。

**C 空间布局** Space Planning
让空间感和采光作为最天然、最有生命力的装饰。

**D 设计选材** Materials & Cost Effectiveness
环保，将空间保留挑空，用玻璃来保证空间的通透性。

**E 使用效果** Fidelity to Client
温馨、明亮。

**Project Name_**
*Warm Lake*
**Chief Designer_**
*Zhu Juanjuan*
**Location_**
*Changzhou Jiangsu*
**Project Area_**
*250sqm*
**Cost_**
*150,000RMB*

**项目名称_**
*湖畔温情*
**主案设计_**
*朱娟娟*
**项目地点_**
*江苏 常州*
**项目面积_**
*250平方米*
**投资金额_**
*15万元*

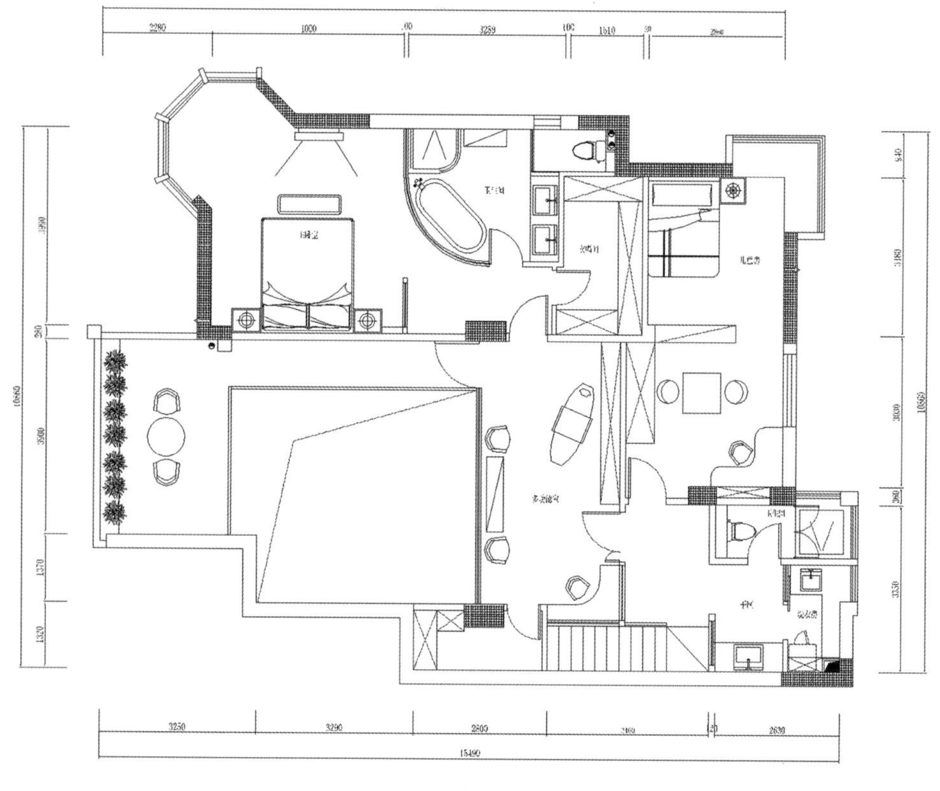

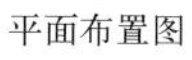
平面布置图

Nicefeel

**主案设计：**
冯易进 Feng Yijin
**博客：**
http://150715.china-designer.com
**公司：**
易百装饰(新加坡)集团有限公司
**职位：**
大中华区CEO品牌创始人&首席设计师

**奖项：**
07《设计之都》未来设计概念大赛金奖
08《当代室内》中国十大新锐设计师
08搜狐焦点全国室内设计明星大赛杭州赛区冠军
08威能杯中国室内设计明星大赛全国银奖
09全国星榜杯80后十大杰出室内设计师
**项目：**
昆明佳乐花苑“意”国风情
“琴麻岛的爱”亚热带风情
城市花园的精致品位生活
“激情燃烧的红色主题”
蓝色妖姬
白银丽人世界
珠光宝气
银白色的浪漫新古典

# 非诚勿扰自然风
# The Natural Wind

## A 项目定位 Design Proposition
本案体现的不是人与人之间的“非诚勿扰”，而是在这样环境之下，有种不被世俗所打扰，不被繁杂的社会所影响的情绪。

## B 环境风格 Creativity & Aesthetics
印象中的东南亚风格，是不需求张扬的奢华，而是需要内敛的舒适。我想突破原有思想中的东南亚风格局限，“东南亚风格”有种说不清道不明的神秘调调，一副作品不能透彻的表达其心中的思想，但是那种氛围是可以让人沉静下来思索的。

## C 空间布局 Space Planning
一楼使用实木在电视墙及客厅顶部，来延伸空间视觉更大化，二楼的主卧室合理利用空间，将书房和更衣室及卧室连接，用双开门及四开门来营造更大化的视觉空间，私人区域就显得特别享受。

## D 设计选材 Materials & Cost Effectiveness
营造安逸的实木与自然结合的休闲环境，阳台的茶区利用更是让业主喜欢。反传统的手法将实木地板装到了顶部，反差效果，包括电视墙和书房，都应用了实木的各种简易变化，让人安逸。

## E 使用效果 Fidelity to Client
非常安静的环境，彻底与喧闹的都市隔绝，做到非诚勿扰而延伸的设计思想。

**Project Name_**
*The Natural Wind*
**Chief Designer_**
*Feng Yijin*
**Location_**
*Wenzhou Zhejiang*
**Project Area_**
*245sqm*
**Cost_**
*800,000RMB*

**项目名称_**
*非诚勿扰自然风*
**主案设计_**
*冯易进*
**项目地点_**
*浙江 温州*
**项目面积_**
*245平方米*
**投资金额_**
*80万元*

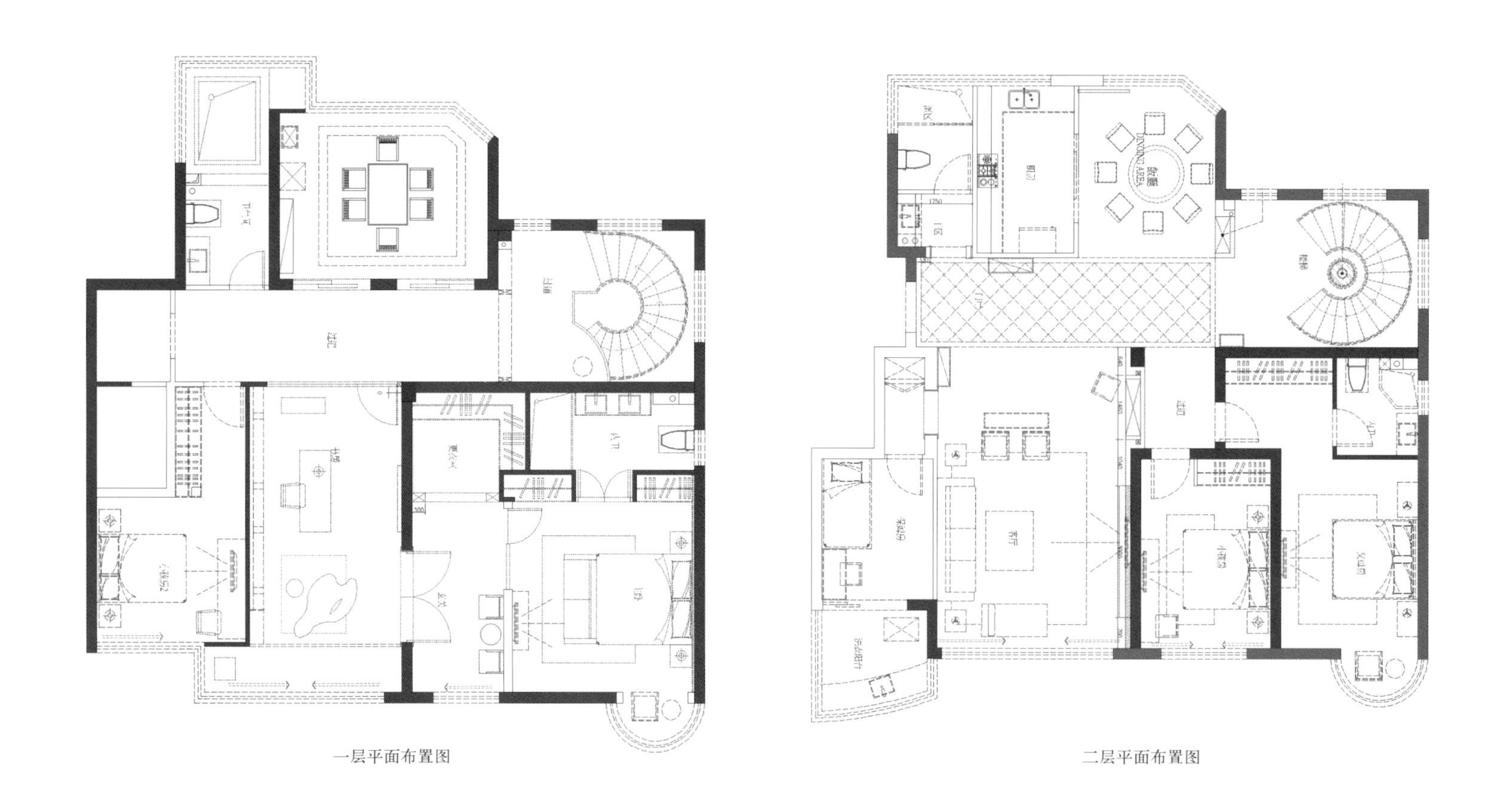

一层平面布置图

二层平面布置图

**主案设计：**
邱林 Qiu Lin
**博客：**
http://822819.china-designer.com
**公司：**
元洲设计
**职位：**
设计师

**项目：**
龙湖兰湖郡（联排3、4组团、东岸、西岸）
奥林匹克花园（花园洋房200、180）
中华坊（联排300）
鲁能星城（花园洋房204）
王府花园（400独栋）
水印长滩（600独栋）
顺池林溪（500独栋）
温哥华森林（550独栋）

# 重庆彩云湖1401号

# Chongqing Choi Lake 1401

## A 项目定位 Design Proposition

这是一套联排别墅，别墅外观为托斯卡纳式建筑。客户是三口之家，男女主人穿着时尚而且都比较喜欢自然舒适，随意的居住空间。客户喜欢比较清爽比较亮丽的颜色。

## B 环境风格 Creativity & Aesthetics

经过几次的沟通，把设计风格定为地中海风格。房间内部主要分为四层。负一层为主要的休闲区，洗衣房，工人房。休闲区的照片墙和随意砌成的壁炉与不规则的主题墙面都体现出了地中海的特点。

## C 空间布局 Space Planning

而中式厨房的设计则更适合了中国人的使用习惯，花园门和主入户门上面的铁艺饰品与楼梯的铁艺栏杆呼应，给人一种到了地中海沿岸的一些假象。二层主要是客房和小孩房间，造型不多，蓝色，绿色，铁艺床然人能感觉到主人和设计师最求自然的欲望。三楼先进入书房，从书房再进入主卧室，这能是卧室的私密性增加。

## D 设计选材 Materials & Cost Effectiveness

楼梯不是用传统的木楼梯或者石材，而是运用了木踏步石材马赛克和铁艺的结合，随心的多种材质搭配贯穿了整个房间，使得房间更自然随意。

## E 使用效果 Fidelity to Client

本案得到了业主高度认可。

**Project Name_**
*Chongqing Choi Lake 1401*
**Chief Designer_**
*Qiu Lin*
**Location_**
*Yubei District Chongqing*
**Project Area_**
*300sqm*
**Cost_**
*3,000,000 RMB*

**项目名称_**
*重庆彩云湖1401号*
**主案设计_**
*邱林*
**项目地点_**
*重庆 渝北*
**项目面积_**
*300平方米*
**投资金额_**
*300万元*

一层平面布置图

**主案设计：**
arnd
**博客：**
http:// 820066.china-designer.com
**公司：**
艺赛（北京）室内设计有限公司办公室
**职位：**
设计总监

# Ginkgo House

# Ginkgo House

**Project Name_**
*Ginkgo House*
**Chief Designer_**
*arnd*
**Location_**
*Shunyi District Beijing*
**Project Area_**
*450sqm*

**项目名称_**
*Ginkgo House*
**主案设计_**
*arnd*
**项目地点_**
*北京 顺义*
**项目面积_**
*450平方米*

## A 项目定位 Design Proposition
家是一个进行时态，房子的装饰与丰满是伴随着时间和居住者的生活而进行的，住进一个所有都已〝完成〞的房子，则会没有主动选择性，也没有后续完善的乐趣。

## B 环境风格 Creativity & Aesthetics
欧式的简约实用与中式的混搭，在起居室里用灰砖砌了一整面墙，还淡淡地勾勒出突起的屋檐，呼应了老北京的胡同情结。

## C 空间布局 Space Planning
起居室将原先的间隔全部打通变成一室通透，开放式餐厨与客厅连贯起来，成为家庭活动的中心地带。最惬意的是坐在火炉边看书，孩子和猫咪们在旁边玩耍，一家人其乐融融。

## D 设计选材 Materials & Cost Effectiveness
主张功能性与现代简约的家里，你会发现很多有意思的中式老物件与中式家具，混搭在一起，刻画出一个中西合璧的家。

## E 使用效果 Fidelity to Client
不错。

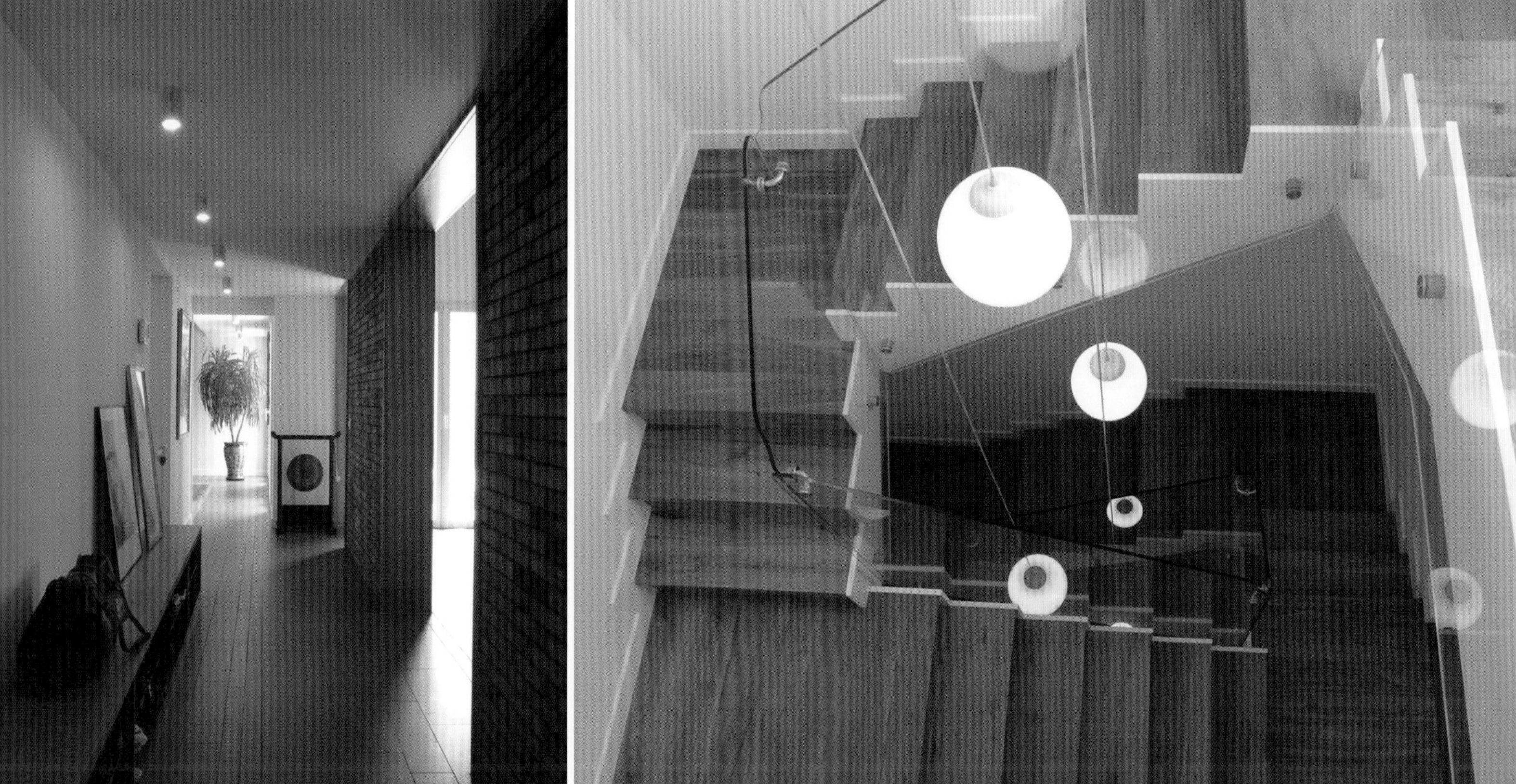

**主案设计：**
张建 Zhang Jian
**博客：**
http:// 820193.china-designer.com
**公司：**
济南乾璟汇达装饰设计工程有限公司
**职位：**
设计总监

# 济南东方美郡

# Jinan Eastern Beautiful County

**A 项目定位** Design Proposition

建筑有它独特的空间特质，空间的主人也有他自己的生活观，家居设计的核心便在于找到两者的交集。

**B 环境风格** Creativity & Aesthetics

设计师在环境风格上运用了现代风格设计。

**C 空间布局** Space Planning

建筑师在居室的中心部分设置了内部庭院，从而解决了因进深过大导致的通风采光不足。

**D 设计选材** Materials & Cost Effectiveness

设计师在居室设计过程中充分尊重了空间的这一特质，并依据北方的生活习惯以及自然条件进行改进，从而使居室有了一颗温暖的心脏。

**E 使用效果** Fidelity to Client

业主居住舒适。

**Project Name_**
*Jinan Eastern Beautiful County*
**Chief Designer_**
*Zhang Jian*
**Participate Designer_**
*Su Shan*
**Location_**
*Jinan Shandong*
**Project Area_**
*400sqm*
**Cost_**
*2,000,000RMB*

**项目名称_**
*济南东方美郡*
**主案设计_**
*张建*
**参与设计师_**
*苏珊*
**项目地点_**
*山东 济南*
**项目面积_**
*400平方米*
**投资金额_**
*200万元*

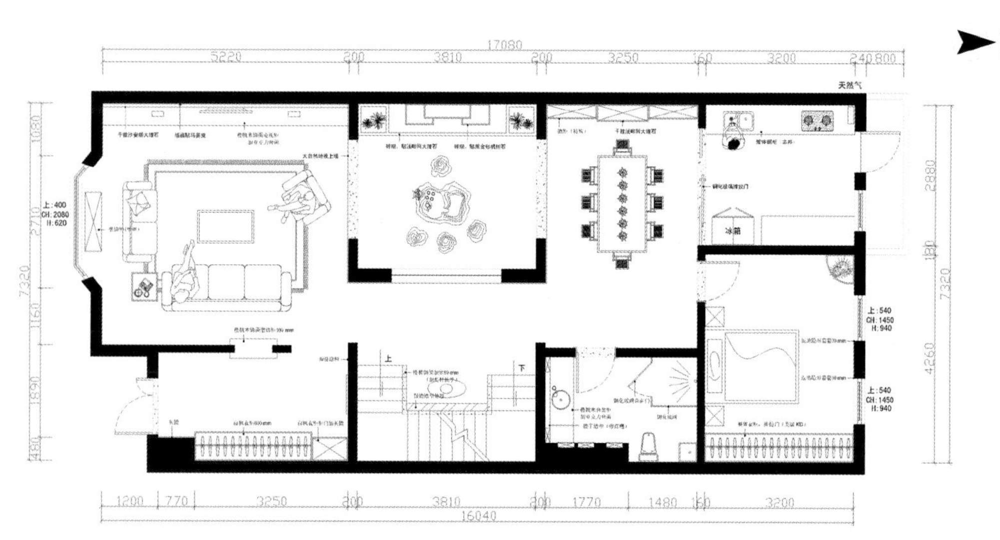

平面布置图

**主案设计：**
陈立坚 Chen Lijian
**博客：**
http://475596.china-designer.com
**公司：**
广州市陈立坚建筑装饰设计有限公司
**职位：**
董事/设计总监


**奖项：**

2009年04月中国（上海）国际建筑及室内设计节"金外滩奖"-"最佳酒店设计奖"

2009年11月奥德堡室内照明设计大赛-金奖

2010年6月全国有成就的资深室内建筑师

2010年6月中国照明应用设计大赛（广州赛区）-会所空间一等奖

**项目：**

惠州洲际皇冠酒店
星河湾酒店
中山华鸿酒店公寓
北京世纪华天酒店公寓
嘉逸皇冠酒店
长沙金源大酒店
青岛麒麟大酒店
广百新翼商场
翡翠皇冠假日酒店休闲会所
英伦公馆
皇家轩尼诗会所
金利来CEO会所
桂林山水凤凰城
成都新世界
大连运达集团办公大楼、北京官园公寓

# 广州中信君庭

# Guangzhou CIRIC Mangrove Bay Villa

## A 项目定位 Design Proposition

该设计涵盖诸多中西文化的精髓，并以时尚的身姿展示出交融的美。

## B 环境风格 Creativity & Aesthetics

传统与现代相结合的设计理念。

## C 空间布局 Space Planning

客厅是主人活动交友的空间，从色彩上就可以充分展现主人的热情与好客。

## D 设计选材 Materials & Cost Effectiveness

充满古典的雍容华丽，却又不失现代设计的大气尊贵，创造出高质感的品味。

## E 使用效果 Fidelity to Client

业主非常满意。

**Project Name_**
*Guangzhou CIRIC Mangrove Bay Villa*
**Chief Designer_**
*Chen Lijian*
**Location_**
*Guangzhou Guangdong*
**Project Area_**
*2000sqm*
**Cost_**
*200,000,000RMB*

**项目名称_**
*广州中信君庭*
**主案设计_**
*陈立坚*
**项目地点_**
*广东 广州*
**项目面积_**
*2000平方米*
**投资金额_**
*2亿元*

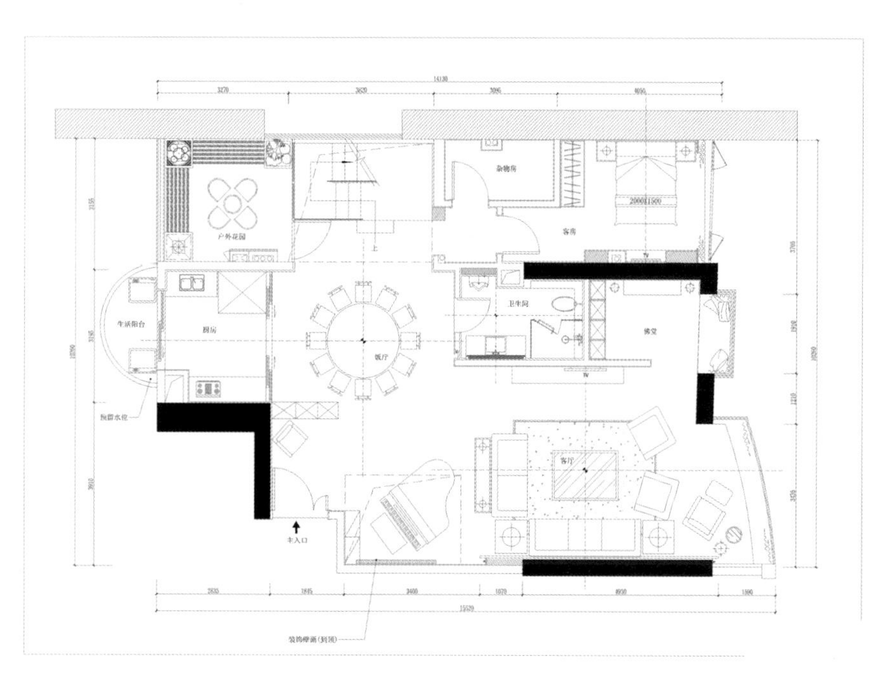

一层平面布置图

**主案设计：**
李京 Li Jing
**博客：**
http://491211.china-designer.com
**公司：**
广州煌庭装饰设计工程有限公司
**职位：**
副总经理、设计总监

**奖项：**
金羊奖-2009年度中国百杰室内设计师
金羊新锐杯-2010珠三角室内设计锦标赛办公空间组冠军
金堂奖2010中国室内设计年度评选-年度十佳办公空间设计
**项目：**
中国秦发集团广州办公楼
意大利男装品牌斯卡图全国专卖店
广州日立电机有限公司办公楼
意大利男装品牌专卖店

# 从化雅居乐

# Conghua Garden House

## A 项目定位 Design Proposition

本作品对空间尝试新的角度去诠释，简洁干净，不失去生活的真味道，通过简洁去反映对复杂的理解。生活就是平凡的伟大。

## B 环境风格 Creativity & Aesthetics

本作品突出现代风格，通过细节加入中式元素，整体风格更趋向极简风格。

## C 空间布局 Space Planning

本作品通过跃式的空间区分，达到了主要功能区的区分。同时巧妙利用了部分透明间隔的方式，有层次地表现了空间。

## D 设计选材 Materials & Cost Effectiveness

本作品从地面仿石材地砖的挑选到墙面石材的挑选，都寻找一些特别而不张扬的风格的产品。

## E 使用效果 Fidelity to Client

业主在使用后，觉得空间非常舒适和艺术化。彰显了业主的特别品味和境界。

**Project Name_**
*Conghua Garden House*
**Chief Designer_**
*Li Jing*
**Location_**
*Guangzhou Guangdong*
**Project Area_**
*400sqm*
**Cost_**
*900,000RMB*

**项目名称_**
*从化雅居乐*
**主案设计_**
*李京*
**项目地点_**
*广东 广州*
**项目面积_**
*400平方米*
**投资金额_**
*90万元*

**主案设计：**
晏宏波 Yan Hongbo
**博客：**
http:// 821128.china-designer.com
**公司：**
长沙艺筑装饰设计工程有限公司
**职位：**
创意总监

**项目：**
盒子
空间几何
茹古涵今

# 盒子
# Box

## A 项目定位 Design Proposition
看过建筑师寇甘的伊莎的白色盒子，被它那纯粹素雅和洁净的空间深深地打动。

## B 环境风格 Creativity & Aesthetics
大片落地窗用白纱轻轻遮挡，地面撒满白色细石，阳光渐渐照入，形成折射感觉，仿佛一片流水光影。

## C 空间布局 Space Planning
本案的业主是一位极具品位的成功女性，从建筑设计到室内空间设计都花费了她很大的心血。一楼的客厅、餐厅、厨房和休闲室都互相关联，而在使用的时候都可以相互独立，形成了生动的流动空间。

## D 设计选材 Materials & Cost Effectiveness
放弃过多的材质修饰，以结构来突显空间，家具上一点色彩的点缀，让整个空间更加灵活。

## E 使用效果 Fidelity to Client
二楼起居室是很好的交流空间，增加了一楼空间的视野，在一楼静坐，四周几乎没有任何阻挡，使室内空间更家开阔。

**Project Name_**
*Box*
**Chief Designer_**
*Yan Hongbo*
**Participate Designer_**
*Yi Hui , Huang Can*
**Location_**
*Changsha Hunan*
**Project Area_**
*320sqm*
**Cost_**
*480,000RMB*

**项目名称_**
*盒子*
**主案设计_**
*晏宏波*
**参与设计师_**
*易辉、黄璨*
**项目地点_**
*湖南 长沙*
**项目面积_**
*320平方米*
**投资金额_**
*48万元*

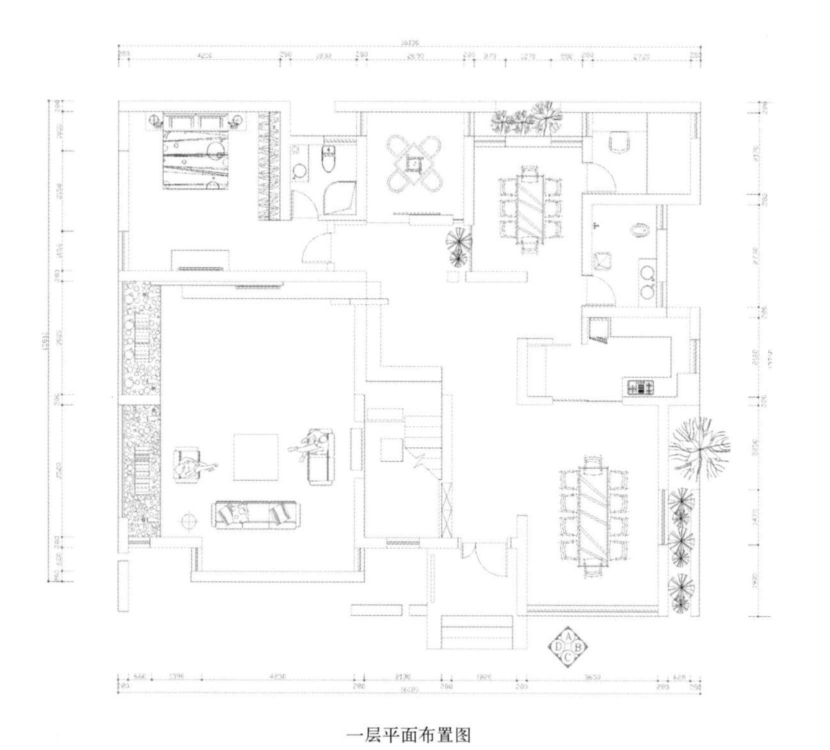

一层平面布置图

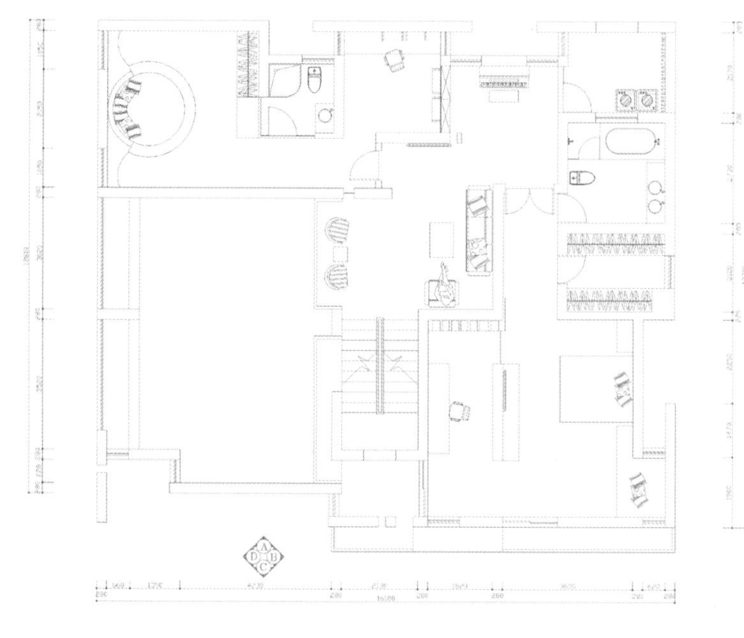

二层平面布置图

**主案设计：**
黎波 Li Bo
**博客：**
http://822094.china-designer.com
**公司：**
湖南自在天装饰设计工程有限公司
**职位：**
设计师


**奖项：**

2010年"金意陶"杯中国室内设计大赛湖南区三等奖

2010年"尚高杯"中国室内设计大赛商业类三等奖

2010年APITA第十七届亚太区室内设计大赛住宅类优秀奖

2011年第六届中国（上海）国际建筑及室内设计节金外滩最佳概念设计优秀奖

**项目：**

同升湖别墅　阳光100　碧桂园
保利阆蜂云墅　梦泽园　上城金都
格兰小镇　汀湘十里
托斯卡纳　西山汇景
天一康园　藏瓏
申奥美域　好望谷

# 云水之约

# The Date of Cloud and Water

## A 项目定位 Design Proposition

独立寒秋，湘江北去，橘子洲头，看万山红遍，丛林尽染；漫江碧透……

## B 环境风格 Creativity & Aesthetics

室内每个空间的大落地窗，简洁明快的室内设计。

## C 空间布局 Space Planning

客厅到书房中的玻璃幕墙更是让建筑空间更宽敞，视觉更通透，采光更明亮。空间的层次，虚实，疏密关系的变化，在阳台上这些都可尽收眼底，阳光是这个项目的主角，光的关照下淋漓尽致。客厅到书房中的玻璃幕墙更是让建筑空间更宽敞，视觉更通透，采光更明亮。

## D 设计选材 Materials & Cost Effectiveness

深咖啡色的哑光家具书柜书桌，原生态的木质感，闲坐于此喝茶、论道、看江景、听段小曲，正是主人的品味和爱好。

## E 使用效果 Fidelity to Client

业主居住舒适，满意。

**Project Name_**
*The Date of Cloud and Water*
**Chief Designer_**
*Li Bo*
**Location_**
*Changsha Hunan*
**Project Area_**
*300sqm*
**Cost_**
*900,000RMB*

**项目名称_**
*云水之约*
**主案设计_**
*黎波*
**项目地点_**
*湖南 长沙*
**项目面积_**
*300平方米*
**投资金额_**
*90万元*

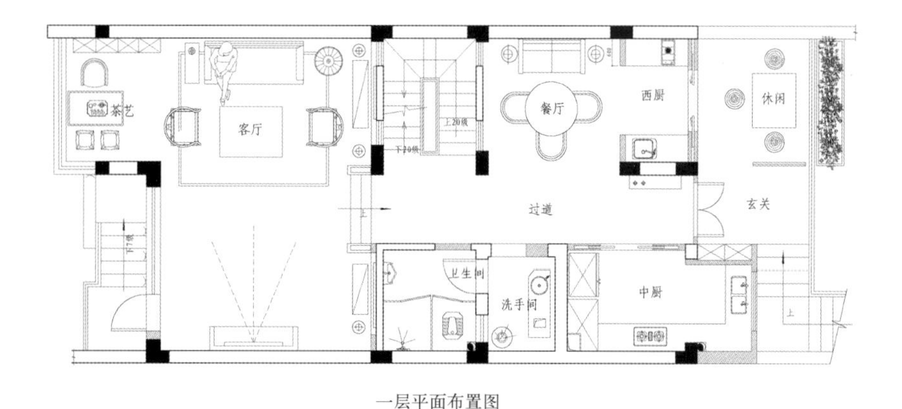


一层平面布置图

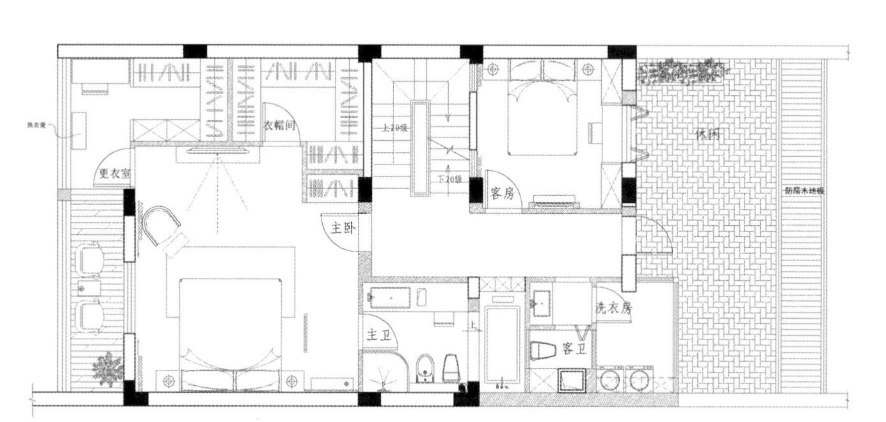


二层平面布置图

**主案设计：**
赵美霞 Zhao Meixia
**博客：**
http://822706.china-designer.com
**公司：**
昆明中策装饰有限公司
**职位：**
设计师

**奖项：**
曾获得晶麒麟等奖项
**项目：**
滇池南郡
滇池香缇样板房
采莲郡样板房
公园道一号
挪威森林
同德极少墅
滇池高尔夫
马可波罗半岛
微风岛

# 昆明西山别墅
# Kunming Western Hills Villa

**A 项目定位** Design Proposition
简约大方的空间演绎着主人大气幽雅的胸怀。

**B 环境风格** Creativity & Aesthetics
完美的平面规划，宽阔的空间设计，视觉舒展放松。

**C 空间布局** Space Planning
精致的饰品选用，以冷静线条分割空间，代替一切繁杂的装饰。

**D 设计选材** Materials & Cost Effectiveness
深木色的顶面，金色的吊灯，木制半透明的玻璃隔断，一切都显现出和谐舒适 。

**E 使用效果** Fidelity to Client
设计以不矫揉造作的材料营造出低调奢华感，让人感觉到这是一个既创新独特又似曾相识的生活居所。

**Project Name_**
*Kunming Western Hills Villa*
**Chief Designer_**
*Zhao Meixia*
**Location_**
*Kongming Yunnan*
**Project Area_**
*200sqm*
**Cost_**
*900,000 RMB*

**项目名称_**
*昆明西山别墅*
**主案设计_**
*赵美霞*
**项目地点_**
*云南 昆明*
**项目面积_**
*200 平方米*
**投资金额_**
*90万元*

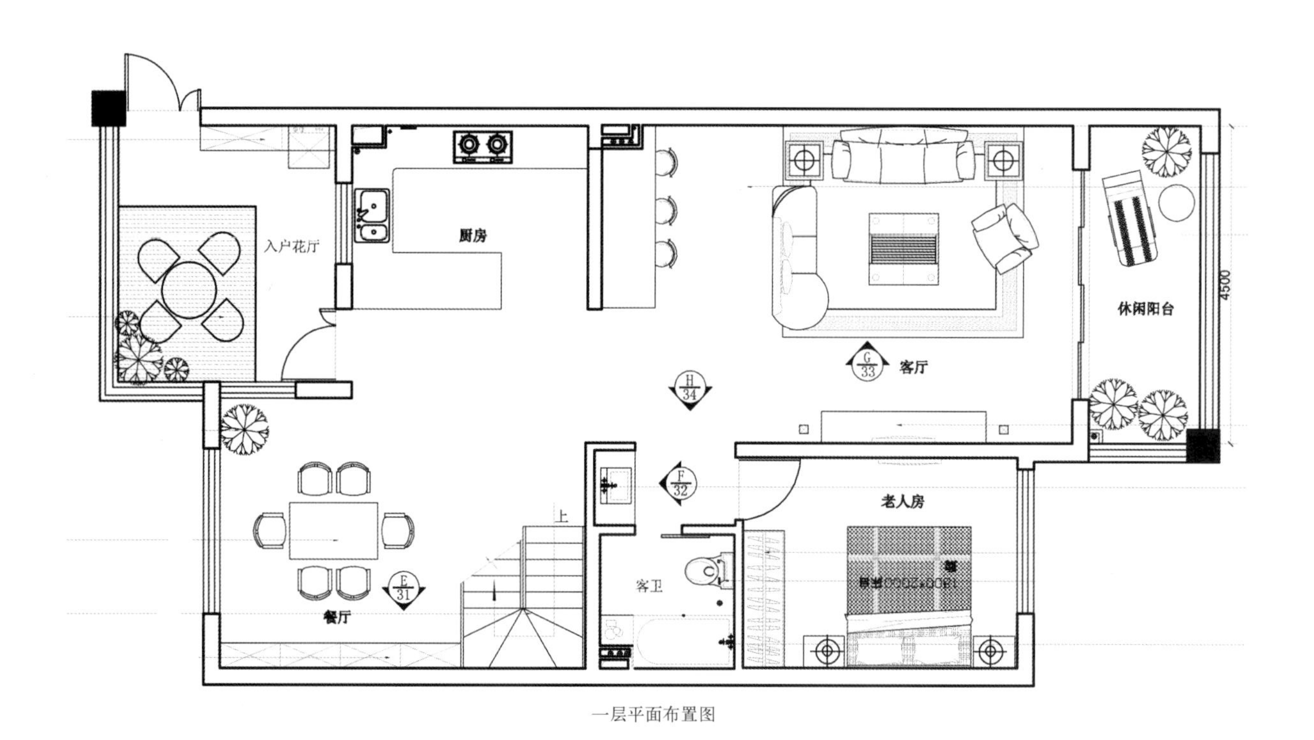


一层平面布置图

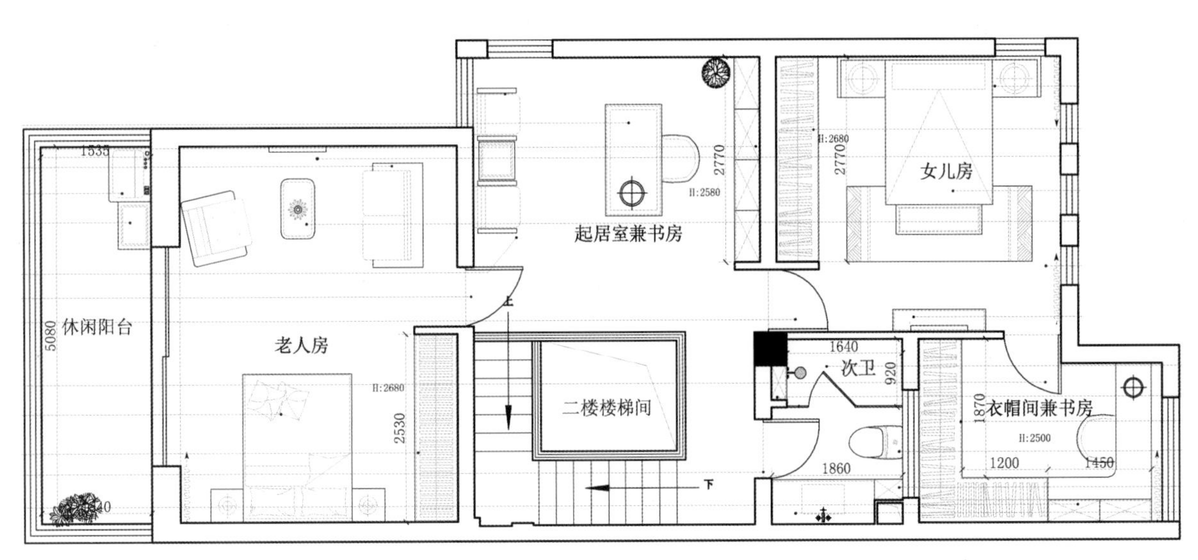

1535
休闲阳台
5080
老人房
H:2680
2530
起居室兼书房
2770
H:2580
上
二楼楼梯间
下
女儿房
H:2680
2770
1640
次卫
920
1860
衣帽间兼书房
1870
H:2500
1200
1450


二层平面布置图

**主案设计:**
马锐 Ma Rui
**博客:**
http://822808.china-designer.com
**公司:**
元洲重庆分公司
**职位:**
设计师

**项目:**
蓝湖郡东岸、西岸
比华利豪园
汇景台
棕榈泉国际花园
高山流水
枫林秀水
鲁能星城
渝能国际
绿地翠谷

# 重庆蓝湖郡西岸5组团
# Chongqing Blue Lake County West 5#

**A 项目定位** Design Proposition
本案不拘小结，不纠缠某个细节，以大块面的设计手法用不同造型的拱形，使其更为丰富。

**B 环境风格** Creativity & Aesthetics
精心摆置的小物件，让装饰更加生活化；大块色的运用，扩宽了空间的整体感。

**C 空间布局** Space Planning
设计师专门在客厅里添加了一点中式元素，几张精巧别致的木椅及花盆架上搁置的中式陶瓷花盆给原本充满"意"国情调的客厅增添了几分混搭的美感。或许这就是所谓的"画龙点睛"。

**D 设计选材** Materials & Cost Effectiveness
铁艺，宫廷式的华丽窗帘和阳台，尤其是爬满藤蔓的墙在温暖的金色调中寻找一种斑驳不均的颜色。

**E 使用效果** Fidelity to Client
业主对本案评价很高，家人都很满意。

**Project Name_**
*Chongqing Blue Lake County West 5#*
**Chief Designer_**
*Ma Rui*
**Location_**
*Yubei District Chongqing*
**Project Area_**
*280sqm*
**Cost_**
*1,200,000RMB*

**项目名称_**
*重庆蓝湖郡西岸5组团*
**主案设计_**
*马锐*
**项目地点_**
*重庆 渝北*
**项目面积_**
*280平方米*
**投资金额_**
*120万元*

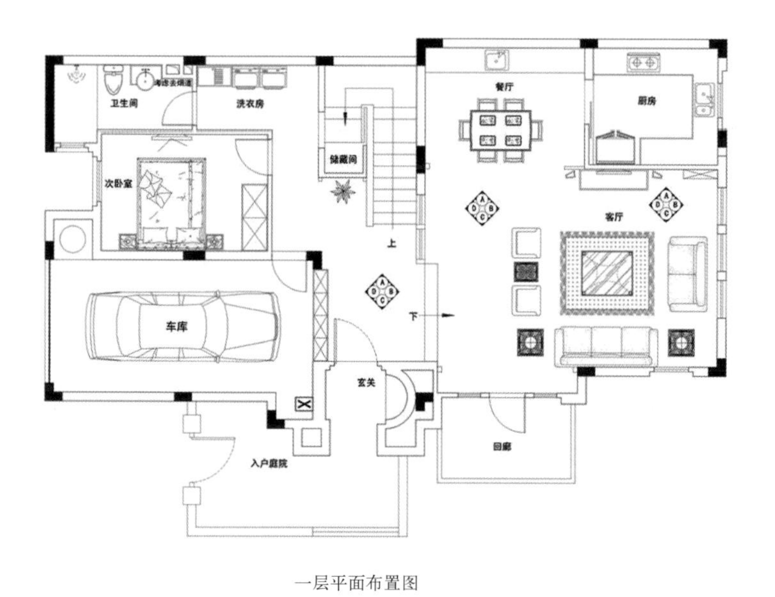


一层平面布置图

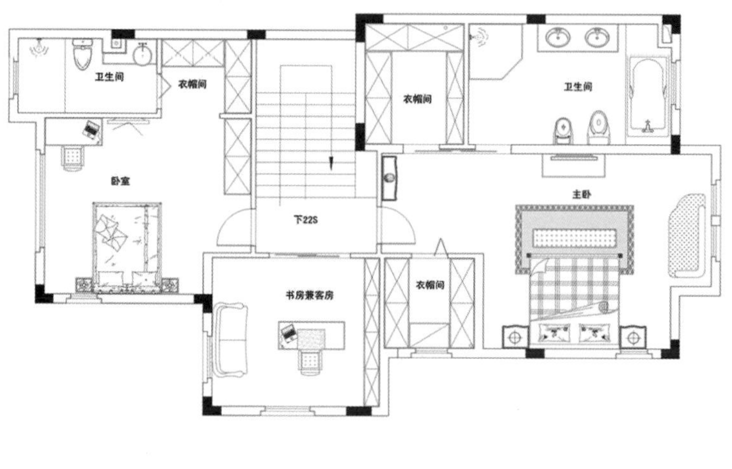


二层平面布置图

**主案设计：**
廖昕曜 Liao Xinyao
**博客：**
http:// 157887.china-designer.com
**公司：**
南京一格建筑规划设计有限公司
**职位：**
首席设计师

# 书香门第富贵人家
# Scholarly Rich Family

## A 项目定位 Design Proposition
这是一个从设计到装修到家具、软装采购、布置整体营造的项目。业主一家三口人，有住家保姆。

## B 环境风格 Creativity & Aesthetics
业主想要的是大气、开敞的空间效果，且对中国古典文学很感兴趣，爱好收藏。

## C 空间布局 Space Planning
开放式厨房，弱化了入户走道的感觉。餐厅，大理石的桌面与云石灯柱形成呼应，餐厅与吧台上的吊灯，是相同元素的分组设计，于统一中蕴涵变化，强化了装饰效果。从简餐台到餐桌再到餐厅背景，配合定制吊灯，层层递进的中轴布局，由此展现出中式古典风格的大气、雅致。主卧室内，采用衣帽间与卫生间结合的形式，特别设计的云雷纹玻璃推拉门，让衣帽间开阔而敞亮，由此扩大了卧室的空间感。

## D 设计选材 Materials & Cost Effectiveness
以红胡桃木饰面板装饰墙面，形成视觉中心，奠定空间基调。书房，于朴拙的木质书架中独立不锈钢官帽椅，一重一轻，由质感与工艺的对比中引发古今文化的碰撞，又唤起了中国文化历史传承的深思。主卧休息区是混搭式的组合，亚麻坐垫、丝绒靠枕、青瓷鼓凳、毛皮地毯、宝蓝色的立灯、借鉴官帽椅设计元素的梳妆台、还有金元花色的窗帘，是古典是时尚是休闲是享受，意趣生活由此开始。

## E 使用效果 Fidelity to Client
业主居住舒适。

**Project Name_**
*Scholarly Rich Family*
**Chief Designer_**
*Liao Xiyao*
**Location_**
*Nanjing Jiangsu*
**Project Area_**
*170sqm*
**Cost_**
*600,000RMB*

**项目名称_**
*书香门第富贵人家*
**主案设计_**
*廖昕曜*
**项目地点_**
*江苏 南京*
**项目面积_**
*170平方米*
**投资金额_**
*60万元*

一层平面布置图

**主案设计：**
胡晓 Hu Xiao
**博客：**
http://821488.china-designer.com
**公司：**
中策•艾尼得家居体验馆
**职位：**
优秀级设计师

**项目：**
世纪城
体育城
滇池卫城
银海领域
银海畅园
森林湖
安康园
宁康园
小康城
世博生态城
曾参与设计银海领域、银海畅园、大理洱海国际生态城、翡翠湾、南亚之门等样板房的设计

# 昆明滇池卫城鹿港
# Dianchi Acropolis Lugang

## A 项目定位 Design Proposition
此户型为联排别墅，建筑面积180平方米，在整体设计上着重打造度假休闲型住宅环境。

## B 环境风格 Creativity & Aesthetics
在整体风格设计上面定位为现代新贵，整体空间以现代简约的手法进行空间细部处理。

## C 空间布局 Space Planning
楼前后花园在设计上面着重考虑休闲型空间，增加户外的娱乐性，一楼室内着重打造会客功能空间。

## D 设计选材 Materials & Cost Effectiveness
局部空间增加新贵的元素使其整体风格更具品质感和文化味，同时搭配新贵古典的家具让整个空间显现低调的奢华感。

## E 使用效果 Fidelity to Client
业主非常满意。

**Project Name_**
*Dianchi Acropolis Lugang*
**Chief Designer_**
*Hu Xiao*
**Location_**
*Kunming Yunnan*
**Project Area_**
*180sqm*
**Cost_**
*450,000RMB*

**项目名称_**
*昆明滇池卫城鹿港*
**主案设计_**
*胡晓*
**项目地点_**
*云南 昆明*
**项目面积_**
*180平方米*
**投资金额_**
*45万元*

**主案设计：**
郭翼 Guo Yi
**博客：**
http:// 117576.china-designer.com
**公司：**
大乘空间设计工作室
**职位：**
设计总监

**奖项：**
2006年中国十佳住宅设计师优秀奖
2007中国十大样板房设计师全国50强
2008威能杯设计大赛重庆十佳设计师
**项目：**
龙湖丽江花园洋房
中华坊别墅
常青藤别墅
中央美地样板房
锦天集团一期样板房
锦天康都二期样板房
盛世华都售房部
阳光100样板房概念设计
中国烟草合川分公司办公楼
重庆万达广场
重庆公共交通驾驶学校

# 重庆龙湖俪江
# Chongqing Longhu Lijiang

## A 项目定位 Design Proposition
本案位于美丽的嘉陵江边，业主是一对年青的夫妇，他们希望未来的家是一个温馨的充满生活情趣且有人情味的空间。

## B 环境风格 Creativity & Aesthetics
设计师把风格确定为简约美式乡村，但绝不是传统意义上的乡村。

## C 空间布局 Space Planning
户型是一个长条型的结构，不太好利用，现在看到的结构是改过90%的结果。以一楼为例，通过进门的玄关以及楼梯间位置的改动，正好把空间划分出客厅及餐厅的区域，而且动向也非常清晰。

## D 设计选材 Materials & Cost Effectiveness
色彩的层次几乎是在一个很细腻的对比中转变的，除了玄关处的黄色是比较跳跃的，这也是我所希望的。毕竟太过理性的色彩层次显得严谨，也不符合业主要求的生活情趣及人情味。

## E 使用效果 Fidelity to Client
我们并不想以复制某种风格为乐趣，毕竟生活的乐趣首先在于要活得快乐，我想这样的一个充满生机的空间是能够让人快乐的。

**Project Name_**
*Chongqing Longhu Lijiang*
**Chief Designer_**
*Guo Yi*
**Location_**
*Yubei District Chongqing*
**Project Area_**
*230sqm*
**Cost_**
*600,000RMB*

**项目名称_**
*重庆龙湖俪江*
**主案设计_**
*郭翼*
**项目地点_**
*重庆 渝北*
**项目面积_**
*230平方米*
**投资金额_**
*60万元*

**主案设计：**
晏宏波 Yan Hongbo
**博客：**
http:// 821128.china-designer.com
**公司：**
长沙艺筑装饰设计工程有限公司
**职位：**
创意总监

**项目：**
盒子
空间几何
茹古涵今

# 空间几何
# Space Geometry

**A 项目定位** Design Proposition

"家"是属于自己的空间，它的本质是舒适的、温馨的、身心舒展的、养身的……

**B 环境风格** Creativity & Aesthetics

本案空间以简洁明快的白色为基调，借助富有变化的几何块面来提升空间的韵律感，在不规则中寻求几何形式的美感。

**C 空间布局** Space Planning

丰富的光影设置，使白净的室内空间层次感更强，二楼无框玻璃扶手的设计使二楼与一楼更好地互动，空间更通透。

**D 设计选材** Materials & Cost Effectiveness

本案拒绝了过多的材质修饰，以白色为主调，穿插一些暖色调，让整个空间干净而不失温馨。

**E 使用效果** Fidelity to Client

这就是那个简洁、舒适、自然的"家"。

**Project Name_**
*Space Geometry*
**Chief Designer_**
*Yan Hongbo*
**Participate Designer_**
*Yi Hui , Huang Can*
**Location_**
*Changsha Hunan*
**Project Area_**
*300sqm*
**Cost_**
*500,000RMB*

**项目名称_**
*空间几何*
**主案设计_**
*晏宏波*
**参与设计师_**
*易辉、黄璨*
**项目地点_**
*湖南 长沙*
**项目面积_**
*300平方米*
**投资金额_**
*50万元*

**主案设计：**
郑军 Zheng Jun
**博客：**
http://235622.china-designer.com
**公司：**
郑军设计事务所
**职位：**
设计总监

**项目：**
富临-晶篮湖样板间
麓山国际别墅
蔚蓝卡地亚联排别墅
雅居乐联排别墅
维也纳森林别墅
浣花中心别墅
金马盛世康城别墅
河滨印象别墅
高山流水别墅

# 东南亚风情
# Southeast Asian Style

## A 项目定位 Design Proposition
提到东南亚，跳入脑海的是灿烂的阳光、茂密的植被、袭人的海风、神秘的佛教等，神秘、美丽、热情都可以为东南亚代言。

## B 环境风格 Creativity & Aesthetics
东南亚风情建筑最大特色是对遮阳、通风、采光、佛教元素、文化氛围的关注。

## C 空间布局 Space Planning
本案旨在细节方面体现东南亚风格，大面积的木质拼花吊顶与大理石吊顶和电视背景墙，让人犹如置身日光充足的热带雨林中，尤其电视背景墙上大理石拼花形成的芭蕉叶在木质拼花映衬下，给人视觉和想象力最大的冲击。

## D 设计选材 Materials & Cost Effectiveness
深色厚重实木地板的铺贴以及后期泰式饰品恰到好处的摆放，给人以平和纯净的感觉，韵味十足。

## E 使用效果 Fidelity to Client
从一楼踩着木制楼梯漫步到二楼再至屋顶花园，整体空间的东南亚韵味，传统而自然，结合了现代的奢华与舒适，绚烂温情，让人心旷神怡。

**Project Name_**
*Southeast Asian Style*
**Chief Designer_**
*Zheng Jun*
**Location_**
*Chengdu Sichuan*
**Project Area_**
*300sqm*
**Cost_**
*2,000,000RMB*

**项目名称_**
*东南亚风情*
**主案设计_**
*郑军*
**项目地点_**
*四川 成都*
**项目面积_**
*300平方米*
**投资金额_**
*200万元*

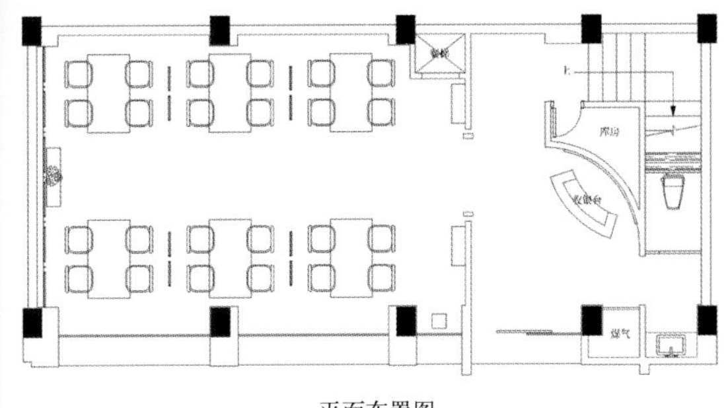

平面布置图

JINTANGPRIZE 金堂奖

2011 中国室内设计年度评选

CHINA INTERIOR DESIGN AWARDS 2011

# 参评机构

董龙设计

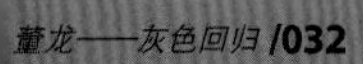

COMEBER
宽 | 北 | 设 | 计 | 机 | 构

Ms
魅斯设计
Design Change The World

圣唐
SHENGTANG

YEEZOO

图书在版编目（CIP）数据

中国室内设计年度优秀住宅、别墅空间作品集 / 金堂奖组委会编 .
-- 北京 : 中国林业出版社 , 2012.1 （金设计 5）
ISBN 978-7-5038-6401-8

Ⅰ . ①中… Ⅱ . ①金… Ⅲ . ①住宅 - 室内装饰设计 - 作品集 - 中国 - 现代
②别墅 - 室内装饰设计 - 作品集 - 中国 - 现代 Ⅳ . ① TU241

中国版本图书馆 CIP 数据核字 (2011) 第 239169 号

---

本书编委员会
组编：《金堂奖》组委会
编写：邱利伟◎董 君◎王灵心◎王 茹◎魏 鑫◎徐 燕◎许 鹏◎叶 洁◎袁代兵◎张 曼
王 亮◎文 侠◎王秋红◎苏秋艳◎孙小勇◎王月中◎刘吴刚◎吴云刚◎周艳晶◎黄 希
朱想玲◎谢自新◎谭冬容◎邱 婷◎欧纯云◎郑兰萍◎林仪平◎杜明珠◎陈美金◎韩 君
李伟华◎欧建国◎潘 毅◎黄柳艳◎张雪华◎杨 梅◎吴慧婷◎张 钢◎许福生◎张 阳
温郎春◎杨秋芳◎陈浩兴◎刘 根◎朱 强◎夏敏昭◎刘嘉东◎李鹏鹏◎陆卫婵◎钟玉凤
高 雪◎李相进◎韩学文◎王 焜◎吴爱芳◎周景时◎潘敏峰◎丁 佳◎孙思睛◎邝丹怡
秦 敏◎黄大周◎刘 洁◎何 奎◎徐 云◎陈晓翠◎陈湘建

整体设计：A&E 北京湛和文化发展有限公司
http://www.anedesign.com

中国林业出版社 · 建筑与家居出版中心
责任编辑：纪 亮 \ 李 顺
出版咨询：（010）8322 5283

---

出版：中国林业出版社
（100009 北京西城区德内大街刘海胡同 7 号）
网址：www.cfph.com.cn
E-mail：cfphz@public.bta.net.cn
电话：（010）8322 3051
发行：新华书店
印刷：恒美印务（广州）有限公司
版次：2012 年 1 月第 1 版
印次：2012 年 1 月第 1 次
开本：240mm × 300mm，1/8
印张：20
字数：200 千字
本册定价：298.00 元（全套定价：1288.00 元）

---

图书下载：凡购买本书，与我们联系均可免费获取本书的电子图书。
E-MAIL：chenghaipei@126.com QQ：179867195